大展好書 好書大展

大展好書 好書大展

最新金魚飼養法

和　金

體型和鯽魚類似，是金魚的遠祖。強壯、價格合理，容易飼養。

2

琉　金

軀幹部接近圓形，鰭較長，尾鰭有三尾、四尾、櫻尾等，非常優雅美麗。

蘭　鑄

堪稱金魚之王，頭部有肉瘤，沒有背鰭，慢慢游泳的姿態的確具有王者之風。

3

荷蘭獅子頭

頭部有肉瘤，與體長大致相同的長尾鰭為其特徵，尾鰭以四尾較多。

紅突眼金（赤出目金）
體型與琉金類似，眼大，朝側面突出為其特徵。

黑突眼金（黑出目金）
體色與紅突眼金不同，為黑色單色，顏色愈深愈好。

5

三色突眼金
（三色出目金）

透明鱗與普通鱗雙重鱗片，如馬賽克般覆蓋在體表。

朱文金

各鰭較長，尾鰭呈燕尾狀，體型與和金類似，體色為紅、黑、藍、白等雜色性。

朝天眼

與突眼金不同，眼球朝上，體型為細長的筒形。沒有背鰭，尾鰭為三尾、四尾較長。

7

彗 星

在美國頗受歡迎的品種，體型與和金相同，但尾鰭為長燕尾，游泳的姿態會令人想起水星而有這個名稱。

土佐金

體型與琉金相同但尾鰭較大，朝左右張開，前方翻轉為其特徵。

櫻　錦

東　錦

在日本將三色突眼金與荷蘭獅子頭交配而成，體色為雜色性馬賽克透明鱗。

9

江戶錦

蘭鑄與東錦交配而成的品種。沒有背鰭，體型與蘭鑄類似，但沒有肉瘤。

水泡眼

朝上的眼球下方有大的水泡為其特徵。其中含有淋巴液。

珍珠鱗

膨脹的白色鱗片看起來好像珍珠般而得此名稱。體型與琉金類似。

丹　頂
體色為白色，頭部有肉瘤。肉瘤部份為紅色，令人聯想起丹頂鶴，而得「丹頂」之名。

更紗（斑色）金
體型與琉金類似，體色以青藍色為基本色，搭配紅、黑等色。雖是三色突眼金與琉金的交配種，但眼睛並未突出。

地　金

和金的突變種，體型與和金相同，但尾鰭有四尾，垂直附著於體軸，俗稱「孔雀尾」。

12

南　金

為蘭鑄的原形種，沒有背鰭，也沒有肉瘤，尾鰭呈水平狀展開。

⓭ 濱　錦

是較新的日本產金魚，頭部肉瘤發達，尾鰭很長，與琉金類似為其特徵。

花　房

體型與荷蘭獅子頭類似，但鼻孔的部位有房狀物，有的品種有背鰭，有的沒有。

羽　衣

15

鯖尾金

類似琉金的體型，尾巴為燕尾狀，體色一般為更紗。

青文魚

類似荷蘭獅子頭的體型，但沒有肉瘤，體色正如其名稱所示，是略帶青色的淡黑色。

茶　金

中國產的金魚，茶褐色的體色是日本金魚所未有的，體型包括琉金型與荷蘭獅子頭型二種。

前言

金魚自古以來就是為人所熟知的寵物。大多數家庭中都有金魚缸。一到夏季時，「賣金魚喔！賣金魚喔！」的小販叫賣聲到處傳來，成為季節的風物詩。不過現在已經聽不到這種令人懷念的聲音了。但是寵物店裡仍可看到各式各樣的金魚。

由於水槽等飼養器具的改良，同時，各地定期舉辦金魚評鑑會，因此，可充分享受金魚觀賞、競賽之樂。能輕鬆飼養的金魚一直受人歡迎。一旦知道金魚可愛迷人的姿態，一定會被其魅力所吸引。

本書以簡單、明瞭的方式，為今後想要飼養金魚的人一一介紹品種、水槽飼養法、水池飼養法，以及金魚生病時的治療法等。希望能讓各位瞭解金魚不為人知的魅力，讓所有年齡層都能享受飼養金魚之樂。期望大家都能藉由飼養金魚滋潤生活，成為一流的金魚愛好者。

目錄

第二章　飼育金魚

第四章　水池飼養

第五章　蘭鑄的飼養方法

2

第一章
瞭解金魚

1 金魚的歷史

金魚從中國傳到日本是在日本室町時代的末期。當時的繁榮商港泉州佐海津（今之大阪府邊界城市），是金魚從中國傳入的第一個地方。當然，金魚在當時是貴重品，對一般庶民而言，只能對它敬而遠之。

直到江戶時代，金魚仍只是上流社會的武士們的飼養物。

但是，從江戶時代後期開始，市民們也能開始飼養金魚了。經常聽到賣金魚的人沿街叫賣著「金魚喔！金魚喔！」，此外，在浮世繪和浴衣柄也使用金魚，使金魚一躍而成庶民的偶像。

在這種旋風之下，開始盛行金魚的養殖，而形成了金魚的三大產地。其中之一是奈良縣的郡山地方。當時的領主柳澤吉里公對於金魚的飼養非常感興趣，因此，家臣們也開始盛行金魚養殖。

另外二大產地，則是郡山的金魚商人當

江戶時代後期，金魚販子出現，金魚成為庶民的偶像。

成往名古屋方向銷售金魚的中繼地的愛知縣的彌富地，以及東京的江戸川地區。當然，江戸川地區由於在戰後急速地都市化，現在，養殖場已經移到埼玉縣了。

▼原產國為中國▲

中國飼養金魚的最早歷史，是距今一千五百年前。當時的金魚和現在的金魚有所不同，是鯽魚突變的魚類。

原本生下來應該是黑色的鯽魚中，出現了不是黑色的變種，這類變種再經交配，長時間改良繁殖的結果，誕生了金魚。

因此，以生物學觀點將金魚分類的話，金魚屬於鯉魚目鯉魚科鯽魚屬的鯽魚變種。剛出生的金魚與鯽魚類似，逐漸成長以後，顏色和形狀都改變了。

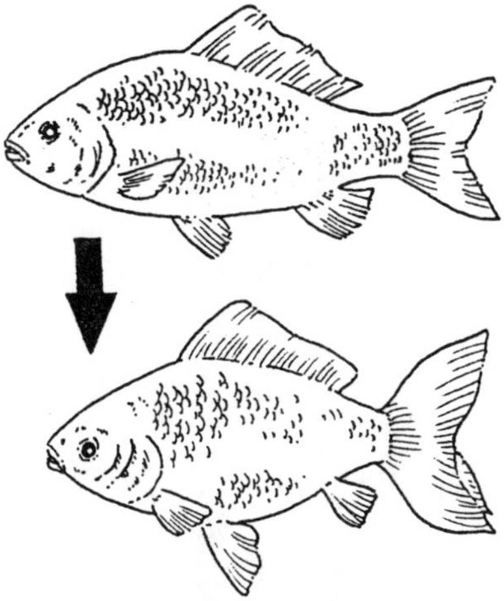

生物學上認為，金魚是鯽魚的變種。

大約在四百年前，一直飼養在水池中的金魚開始採行水槽飼養，當時是使用中國的陶製大缽，稱為「盆養」。水槽飼養開始在中國各地盛行後，金魚變得更為大衆化，而且品種也增加了。

到了清朝末期時，下意識地改良出新品種，品種改良大為盛行，就在此時期，產生了許多優良品種。

●了解金魚的系統

最初，鯽魚突變而產下體色為紅色的鯽魚，逐漸飼養之後，因為突變而出現開尾的緋鯽，將其挑選出來，進而發展成現在的金魚原種和金。

品種改良經過很長久的歲月，相關人士的努力是不容忽視的。

從和金又培植出尾鰭較長的琉金。此外，眼睛突出的紅突眼金和沒有背鰭的丸子，也是由和金改良而成的品種。

此外，由琉金改良而成頭部有肉瘤的荷蘭獅子頭以及有孔雀尾的土佐金。由紅突眼金改良而成的有朝天眼、黑突眼金、三色突眼金等。由丸子改良而成的有蘭鑄、大阪蘭鑄、南金（出雲南錦）等品種。

另外，還有由固定品種培養出來的雜交種。例如，秋錦是由荷蘭獅子頭和蘭鑄交配而成；朱文錦是由鯽魚和三色突眼金交配而成；更紗金則是由三色突眼金和琉金交配而成的品種。

現在金魚的品種細分為和金系統、琉金系統、沒有背鰭的系統，以及第二次世界大戰後由中國傳入日本的系統等。

和金系統包括和金、朱文金、地金、彗星。

琉金系統包括琉金、荷蘭獅子頭、更紗

金、土佐金、東錦等。

沒有背鰭的系統包括蘭鑄、朝天眼、南金等。

從中國輸入的金魚包括花房、水泡眼、青文魚、茶金、丹頂等。

2 金魚的種類

和金

●和金、和錦、黃金魚

和金當然是由中國傳入日本的，正如其名，是日本自古以來所飼養的金魚。別名「大和」，是目前普遍受人喜愛的金魚。

身體細長，鰭並不長，尾鰭除了鯽魚尾以外，還有四尾、三尾、櫻尾，及其中間型。尾鰭通常為二條，此外也有一條或是完全沒有尾鰭的和金。體色在稚魚時是鯽魚色，在孵化後或是三十天以後，顏色呈現淡紅色。

鱗片為普通鱗片，有的會發出金色或銀色的光。

價格合理的和金成長以後為三十公分左右。飼養上為最強壯的金魚，不必花太多工夫處理。

琉金

●琉金、琉錦、長崎

琉金和和金都是自古以來被廣泛飼養，深受日本人喜愛的金魚。

其起源是來自和金的突變或是野生金魚的突變。也有人說是從琉球遠道而來的，眾說紛紜沒有定論。

體型為圓形，各鰭非常長，尾鰭通常為三尾、四尾，體色一般與和金相同。特別控制成長且體型較小的稱為「豆琉」。

體型方面以頭小嘴尖為其特徵，數目較小，但是肉瘤發達的琉金稱為「琉金獅子頭」。

蘭　鑄

蘭鑄由於姿態優雅而被稱為「金魚之王」。

完全沒有背鰭、身體較圓的被稱為「丸子」。其他的鰭也不大，優游自在地游泳，尾鰭好像切入身體一般。此外，頭部肉瘤發達為其特徵。

理想的蘭鑄姿勢良好。在水中靜止時的姿態是頭部稍低、尾部稍高，所處位置以靜止在距離池底三公分到六公分處較好。

肉瘤在孵化後三個月內開始發達。肉瘤的發達狀況有大有小，會受到營養狀態和水溫等的影響極大，因此，也是飼養上的困難點。

配合肉瘤發達的情形而分為土金、獅子頭等，最好的就是獅子頭。

荷蘭獅子頭

華麗的荷蘭獅子頭是金魚中等級最高的品種。原本是由蘭鑄演變而來的變種，固定後培育而成的新種。各鰭都很長，尤其尾鰭和體長等長。以四尾較多為其特徵。

體形比蘭鑄稍微細長，頭部有肉瘤，但是不像蘭鑄那麼發達。體色為金黃色、赤色、更紗。

此外，荷蘭獅子頭是江戶時代從中國傳入日本的金魚。在當時，將罕見珍貴的東西都稱為「荷蘭」，因此而命名為荷蘭，而不是因為原產國為荷蘭。

突眼金

與和金、琉金同樣是一般的品種，常被飼養於家庭中。特徵正如其名稱所示，具有突出的眼睛。身體較短，體型與琉金類似。

突眼金從明治時代時，從中國廣東地方出口到美國，其中一部分在橫濱被買下而進入日本。比較小型而不擅於游泳，是最不懂得攝取飼料的金魚。飼養時必須注意的是不要和大型的和金一起飼養。

眼睛的形狀為圓筒形、水泡形。品種方面則分為紅突眼金、黑突眼金、三色突眼金

眼睛突出，受人喜愛的突眼金

三種。

●紅突眼金

進口當時的原形，為目前還存留最多的金魚。孵化時為鯽魚色，逐漸褪色而全身發紅。現在數目很少，幾乎已經看不到了。

●黑突眼金

最受人歡迎的突眼金。普通金魚在孵化以後，鯽魚色會逐漸消失，但是這種金魚在孵化五十天後，黑色的色素會漸漸沉著。顏色的程度各有不同，有的則是介於中間的褐色，其中以擁有高級黑色者最為珍貴，價格也最高。

●三色突眼金

透明鱗和普通鱗的雙重鱗片好像馬賽克般地覆蓋在體表。具有複雜的色彩，混入很多紅、黃、青、紫、白等斑點和黑點。能夠享受色彩之樂。其中有的沒有黑點或者所有鱗片都是透明的，看起來好像赤裸的魚一般。

朱文金

朱文金是三色突眼金與和金的交配種，是日本當地培殖而成的金魚。體型與和金一樣，與鯽魚類似為細長形。體色為透明鱗性的雜色。呈現白、黃、紅、黑、青等斑點。以青色較強，紅、黑均勻散佈者較佳。各鰭較長，尾鰭呈鯽魚尾。

雖然是由突眼金繁殖而來，但眼睛並未突出。上市較多，屬於較容易飼養的金魚。

朝天眼

雖然和突眼金同樣為眼球突出，但突出的方向卻是朝上。稚魚時眼睛為普通狀態，

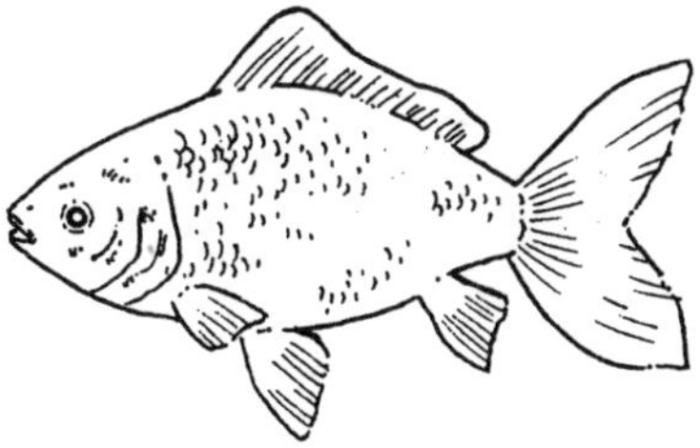

和金
據說是金魚的始祖，價格合理，容易飼養。

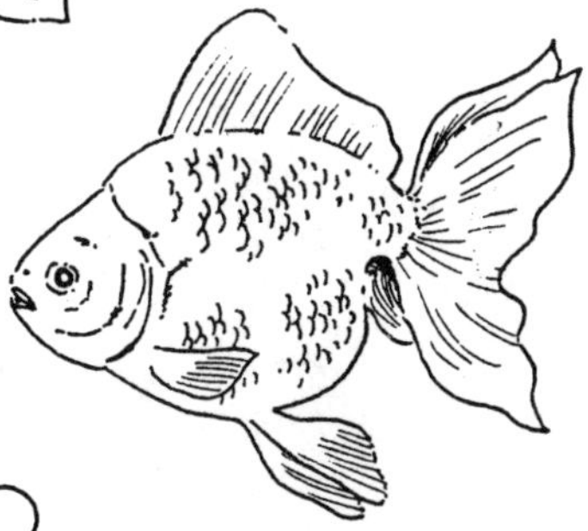

琉金
與和金同為自古以來被飼養的金魚。

蘭鑄
有「金魚之王」之稱，優雅、受人歡迎。

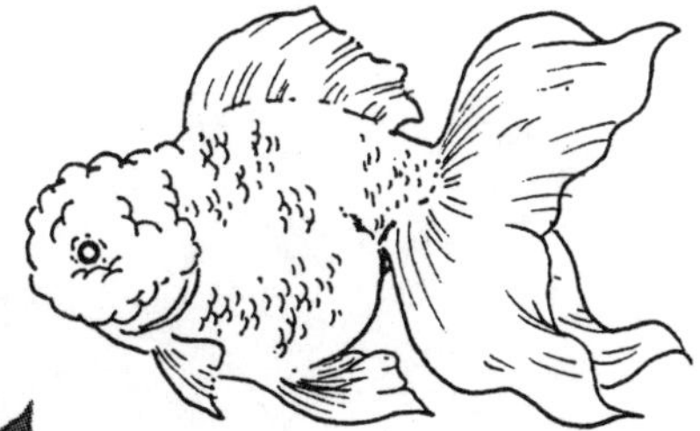

荷蘭獅子頭
將蘭鑄的變種固定成型的品種。

突眼金
眼睛突出為其特徵，體型與琉金類似。

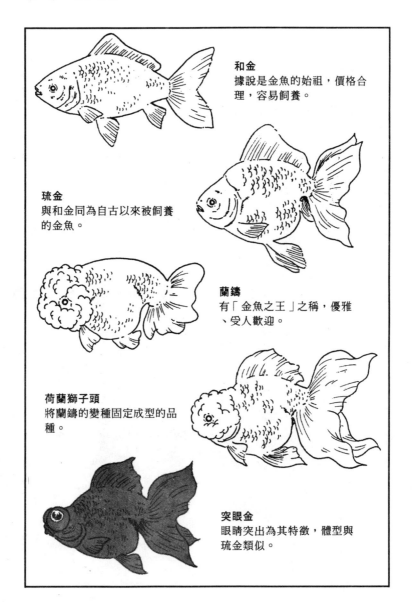

朱文金

體型與和金相同，類似鯽魚較為細長。各鰭較長，尾鰭為鯽魚尾。

朝天眼

與突眼金同樣是眼睛突出，但方向朝上。

彗星

尾鰭擺動游泳的姿態像彗星，而有這個名稱。

土佐金

尾鰭前端朝上翻為其特徵。

東錦

三色突眼金與荷蘭獅子頭交配繁殖的品種。

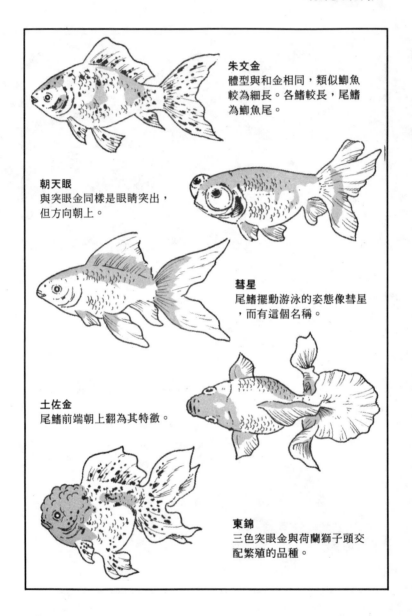

可是孵化後第一百天左右開始朝上。和蘭鑄同樣沒有背鰭為其特徵。尾為四尾，不擅游泳，為經常靜靜地沉在水底的金魚。

進口過好幾次然後滅絕，之後再繼續進口，由於長相滑稽，因此愛好者很多。

彗星

從日本進口到美國而繁殖的金魚。

殘留著鯽魚尾的金魚，擺動著尾鰭游泳的樣子，看起來像彗星，因此有這種稱呼。

在美國是非常普遍的金魚，是容易飼養的品種。

土佐金

以四國的高知（土佐）為產地的金魚，姿態和琉金非常類似，但是尾鰭前端往上翻為其特徵。

體色為紅色或紫色，在高知地方，大多將池水放得較淺，減少其運動量來飼養。

長尾鐵魚

琉金的體色維持原有的鯽魚色而成長的，就是長尾鐵魚。

這種體色的變化是完全承襲祖先鯽魚體色的品種，數目並不多。

一般而言，肉瘤發達較遲的荷蘭獅子頭大多稱為長尾鐵魚，體型的特徵是軀幹較長，尾巴也很長。

東錦

東錦是三色突眼金和荷蘭獅子頭交配而來的品種。體型類似荷蘭獅子頭，顏色為三色斑。

江户錦

是蘭鑄與東錦交配而成的品種。

體型類似蘭鑄，但以背部為梳型，沒有背鰭為特徵。

此外，頭部也可以看到隆起的肉瘤。

水泡眼

眼下掛著大水泡為其特徵。

體型與琉金類似，但軀幹稍長，沒有背鰭。

珍珠鱗

鱗片好像嵌入珍珠的形狀，體形為圓形，具有如琉金般的長尾。

丹頂

體型與荷蘭獅子頭類似，頭部隆起，中央為紅圓點，與丹頂鶴類似。在日本大多被視為吉祥物。

更紗金

三色突眼金與琉金交配而成的品種。體型與琉金類似，從側面看類似圓形。頭部有短而尖的口吻，因為有透明鱗，所以體色為雜色。各鰭像琉金般很長，尾鰭的形狀大多為三尾、四尾。

容易飼養，也不難買到。

地金

和金的突變，形狀與和金非常類似，但

江戶錦
體型與蘭鑄類似，沒有背鰭
。

水泡眼
眼下有大水泡為其特徵。

珍珠鱗
好像嵌入真珠似的鱗片為其特徵。

丹頂
頭部隆起的紅圓點，類似丹頂鶴。

更紗金
三色突眼金與琉金交配的品種。眼睛未突出。

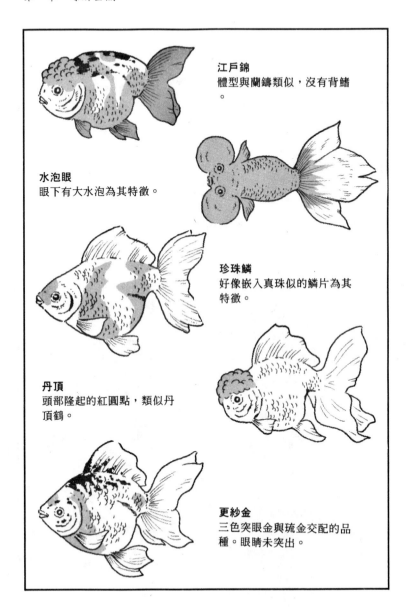

地金
和金的突變種，尾鰭為四尾，×狀。

南金
據說是蘭鑄的原形種，沒有背鰭。

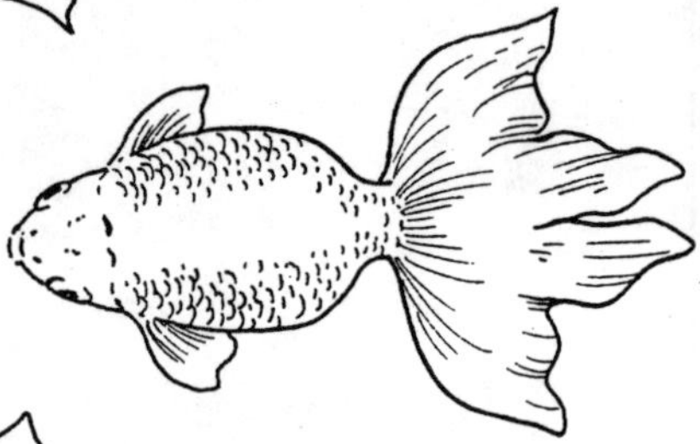

花房
鼻尖看起來好像綁絲帶似的。

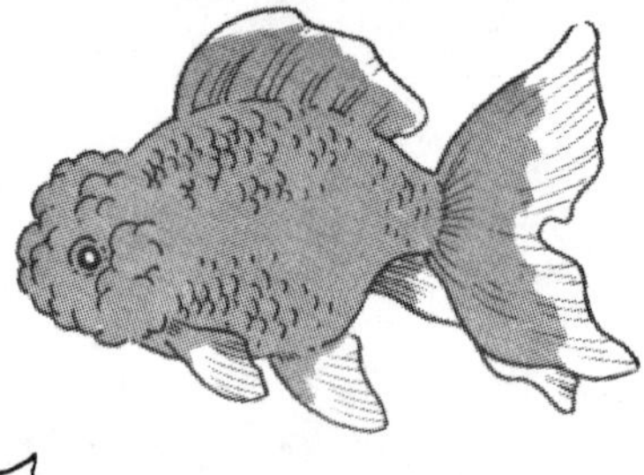

青文魚
正如名稱所示，為帶有青色的淡黑色魚，原產於中國。

茶金
擁有日本金魚所沒有的茶褐色，為中國產的金魚。

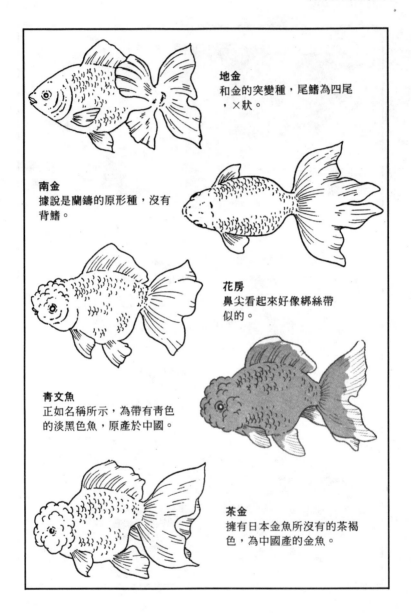

是尾鰭為四尾，呈×狀，身體帶有直角。從游動的狀態突然靜止時，尾鰭會啪地張開，這個樣子和孔雀類似，因此別名「孔雀魚」。為愛知縣的天然紀念物，很難買到，是很難飼養的金魚。

南金

南金是稱為蘭鑄原形種的品種。在島根縣出雲地方僅飼養一些至為珍貴的金魚，現在，南金被指定為島根縣的天然紀念物。

體型方面，各鰭較短，與蘭鑄同樣沒有背鰭，但頭部沒有肉瘤，此外，身體呈橫長形。

尾鰭為三尾、櫻尾，稍微朝側面張開。體色以各鰭、鰓蓋、口吻、下腹為紅色，其他部分為白色者較佳。

濱錦

濱錦為日本產金魚，是較新的品種。擁有硬而膨脹的魚鱗，頭部的肉瘤非常發達。尾鰭像琉金一樣較長為其特徵，體色多為橙黃色。

花房

鼻尖看起來好像綁著絲帶的金魚。這個絲帶是鼻孔附近的皺褶狀肉發達如花房一般而形成的，也稱為「鼻房」。體色為紅色或橙紅色，以四尾較多，沒有背鰭。以生產國區分為中國花房或日本花房。

山形金魚

與彗星非常類似的品種，自古以來就被

飼養在山形縣的庄內地方。因為是在山形縣飼養，因此屬於非常耐寒、強壯的金魚。

體形為和金形，鯽魚尾的尾鰭像琉金一樣非常長，體色為紅色或更紗。

鯖尾金

在新潟縣的中越地方生產的金魚，和錦鯉飼養在同樣的水池中。

具有琉金般的體型、長長的燕尾，體色一般為更紗。

青文魚

體形類似荷蘭獅子頭，但頭部的肉瘤並不如獅子頭般發達。原產國在中國，正如其名稱所示，其體色是帶有青色的淡黑色。

各鰭較長，尾鰭為三尾或四尾，尾鰭較長為其特徵。

茶金

為中國產的金魚。具有日本金魚中不曾看過的茶褐色。

體型有的類似荷蘭獅子頭，有的類似琉金。頭部有的有肉瘤，有的沒有。各鰭較長，為三尾。

3 金魚的身體和動作

外部構造

■體型

鯽魚變種的金魚，其形狀與鯽魚類似。鯽魚的體型為紡錘型，側扁。和金直接承受這種型體。

以和金為主，長時間進行品種改良，體形從紡錘形變成圓筒形的琉金以及球形的蘭鑄。

■頭部

頭部沒有魚鱗，從下面往下看時，有的

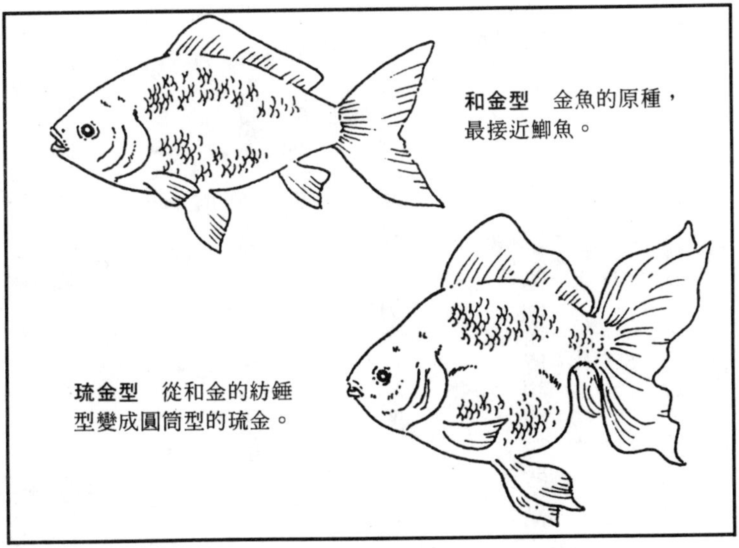

和金型　金魚的原種，最接近鯽魚。

琉金型　從和金的紡錘型變成圓筒型的琉金。

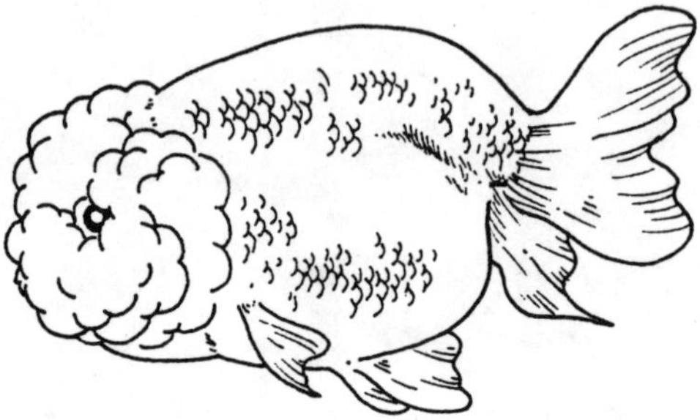

蘭鑄型　特徴是沒有背鰭

和和金、琉金一樣，與鯽魚類似；有的則像東錦和荷蘭獅子頭似的略帶圓形；另外還有蘭鑄的半圓形，共分為三種型態。尤其像東錦和荷蘭獅子頭具有肉瘤，這是在孵化後四個月開始長出的。

肉瘤依飼養的方式和飼料的種類而有所不同。成為觀賞魚的優劣條件，就是以肉瘤的優劣與否決定。

頭骨分為頭蓋骨及顏面骨二部分。

■鱗片

魚的皮膚是由外側的表皮和內側的真皮所構成的。真皮的一部分變化為鱗片。

鱗片本來是透明的，但是金魚由於鱗片內側層的虹素細胞會反光，而放出美麗的光澤。

但是，有些則是欠缺虹胞層的金魚，像更紗金或東錦等皆屬此類。這些金魚的鱗片不會反光，因此成為透明鱗。

魚體側的中央部，右側和左側都有線狀的小點排列。而在鱗片正中央，也有一列帶有小孔的側線鱗，這種孔與稱為側線的感覺器官相連。孔的數目因品種不同而異，和金約有三十個左右，蘭鑄約有二十五個，鯽魚約為二十六至三十個。

■魚鰭

魚鰭是魚游動的重要運動器官。為了使

●金魚的頭型

和金
頭尖，與鯽魚類似。

琉金
頭尖但略帶圓形，與軀體直接相連。

東錦
整體成圓形，有肉瘤。

蘭鑄
從側面看接近圓形的頭部，肉瘤發達。

突眼金
眼球突出為其特徵。

花房
接近鼻孔處有房狀膨脹物為其特徵。

游動的姿態看起來更優雅，因此，金魚的魚鰭經過了多次的改良。

●背鰭

形狀因品種而異。背鰭較高的是琉金、荷蘭獅子頭及東錦等。而蘭鑄、朝天眼和水泡眼等，則是背鰭已完全退化的品種。而這個退化部位的曲線美，是觀賞上決定優劣的關鍵點。

●臀鰭

硬骨魚通常只有一片臀鰭。金魚因為品種的不同，有的擁有一對，像和金、琉金，這些大衆化的金魚可以看到二片臀鰭。當然，有的金魚只有一片，或是介於兩者之間，在一片轉變化二片的過程中，演變為V字形或Y字形的臀鰭。

●尾鰭

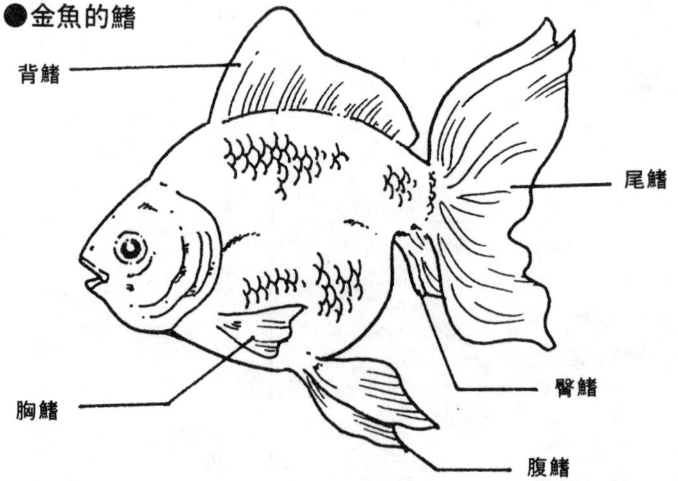

●金魚的鰭

大致可分為不成對的鯽魚尾以及成對的開尾兩大類。開尾則分為尾巴前端由上往下看時張開三片的三尾，或是三尾的正中央前端出現好像櫻花花瓣般的櫻尾，從上往下看時張開成四片的四尾，以及四尾再張開成×形的孔雀尾等。

此外，金魚身體的左右兩側各有一片胸鰭。

■體色

金魚的體色通常為赤色或橙色，此外，還有白、黃、茶色和黑色等。有的是單色，有的則是二色以上的斑色。

體色形成的原因為表皮與真皮間或真皮中的色素細胞。這個細胞分為黑色素胞和有色素胞（紅或黃色）二種。依形狀、位置、

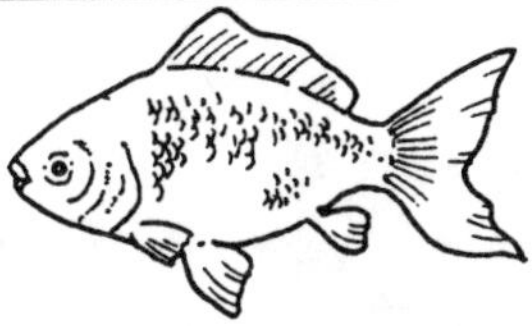

更紗　兩色或是更多色的斑狀體色，紅白者稱為更紗。

赤更紗　紅色部份較多的更紗稱為赤更紗。

白更紗　白色部份較多的更紗稱為白更紗。

丹頂　體色為白色，只有頭部為紅色，稱為丹頂。

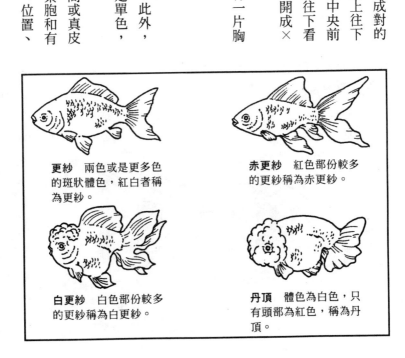

量的不同而使體色產生各種變化。此外，也會受到血液的顏色以及鱗片內側的虹色素細胞的影響。

金魚剛孵化時為無色，漸漸變為鯽魚色，然後黑色增加，再出現黑與黃的斑色，接著黑色消失而變成黃色或橙黃色，最後固定為品種特有的顏色。

這種現象稱為褪色現象。黑突眼金沒有這種現象，即使成長，也只是黑色加深而已。

內部構造

■呼吸

所有動物都是藉由吸取氧、排出二氧化碳而呼吸。魚則是經由鰓進行呼吸，因此也被稱為「鰓呼吸」。

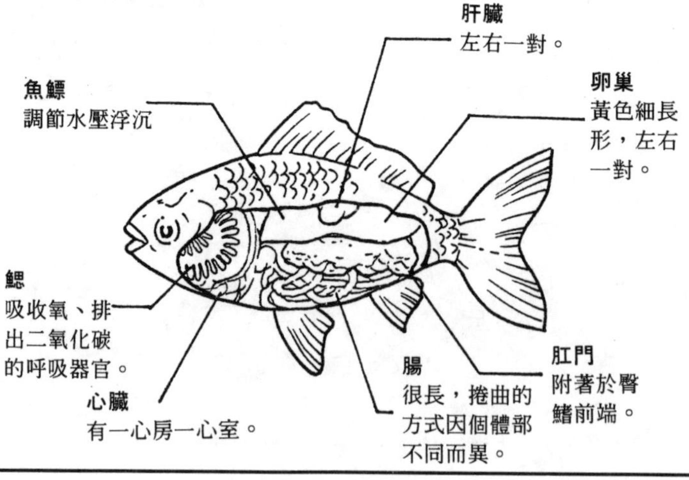
肝臟
左右一對。
卵巢
黃色細長形，左右一對。
魚鰾
調節水壓浮沉
鰓
吸收氧、排出二氧化碳的呼吸器官。
心臟
有一心房一心室。
腸
很長，捲曲的方式因個體部不同而異。
肛門
附著於臀鰭前端。
●內部構造

鰓是由紅色，有無數皺褶的「鰓葉」所構成的。鰓葉中有微血管分布，藉此吸收氧而排出二氧化碳。

陸地上的動物吸收空氣中的氧，魚類則吸收溶解在水中的氧。當水溫上升時，氧的消耗量增加，使水中的含氧量（溶存量）減少。一旦氧缺乏時，金魚就會上浮到接近水面，嘴巴不斷地張開，暴露在空氣中。因此，水溫和含氧量對飼養而言也是重點。

消化

金魚的口較小且下顎沒有齒，但是，喉嚨卻有一列排成四個的咽頭齒，能夠弄碎食物。

其次是胃，金魚並沒有明顯的胃，因此，一次不能吃太多食物，只能少量持續地吃

魚鰾與內耳相連，能感覺聲音。

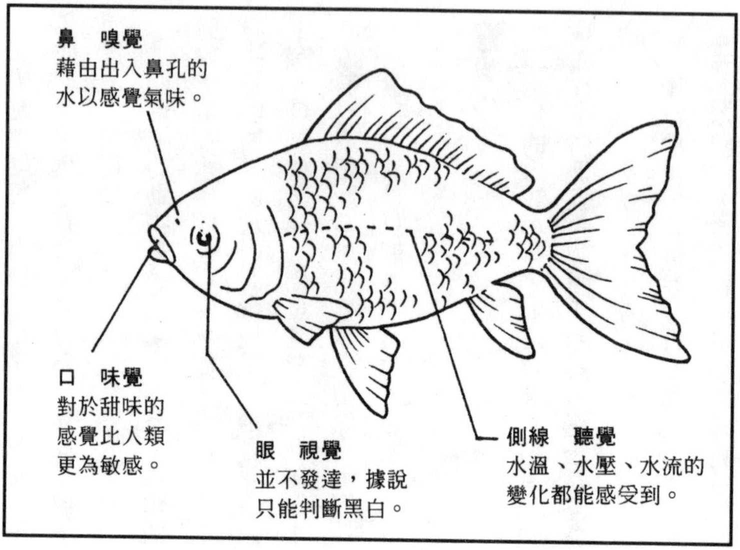
鼻　嗅覺
藉由出入鼻孔的
水以感覺氣味。
口　味覺
對於甜味的
感覺比人類
更為敏感。
眼　視覺
並不發達，據說
只能判斷黑白。
側線　聽覺
水溫、水壓、水流的
變化都能感受到。

。雖然沒有胃，可是腸卻相當長，由這點來看金魚是雜食性的魚類。

此外，金魚沒有胰臟，而肝臟同時發揮胰臟及肝臟的功能，因此被稱為「肝胰臟」。在背部和腹部有一對腎臟。

■魚鰾

使魚上浮、下沉、在水中移動的調節器官就是魚鰾。位於腹腔的背部，其中的氣體能調節水壓。鰾與內耳相連，對於刺激非常敏感，能夠感受到聲音。

■感覺

●味覺

金魚沒有舌頭，卻有區別味道的味蕾。這種味覺芽位於口內部以及鬍鬚、魚鰭等部

金魚沒有眼皮，所以是睜著眼睛睡覺。

份，能夠感受到鹹、苦、酸等味道。據說對於甜味比人類更為敏感，因此，能夠品嚐「美食」。

●視覺

視覺並不發達，只能判斷黑白而已。據說一部分能夠調節遠近並且能識別紅、藍、綠等。眼睛可分為水泡眼、突眼睛、朝天眼等，因品種的不同而形狀不同，但構造和聽覺是相同的。

●聽覺

金魚的聽覺器官在小腦的兩側，能夠敏感地掌握各種聲音的振動。

在身體的兩側有側線鱗，而在鱗片中的小孔感覺器官對於些許的振動或水壓、水流、水溫都能敏感地掌握。

●嗅覺

藉由水出入鼻孔，而感受到溶解於水中物質的味道。金魚的嗅覺非常敏感，能夠察覺是否有飼料存在，甚至連魚類之間的體臭都能分辨。

●觸覺

側線是觸感的感覺帶，對於水溫、水壓及水流的變化都能敏感的感覺。以水溫為例，能夠接受到十分之一至三十分之一度的些許水溫變化的刺激。

●張開眼睛睡覺

金魚並沒有眼皮。因此，看不到金魚閉著眼睛睡覺的姿態，可是金魚的確會睡覺。白天躲藏在陰暗處靜止不動，大多是在睡覺。而在冬季，水溫在五度以下時，會停止活動，接近冬眠狀態。

4 金魚的生態、習性

■食性

魚類分為吃動物性食物、植物性食物及雜食性三種。

以金魚而言，其消化器官的構造幾乎沒有胃，大半是腸。而這可能就是以植物為主的雜食性魚類。金魚也吃浮塵子及紅蟲等動物性植物，也吃米糠或麩等植物性食物。因為食性為雜食性，因此容易飼養。

■運動

魚的游動方式依體形、鰭形、肌肉的發達及運動神經的不同而有差異。代表性的分為以下四種。

首先是基本型：身體朝左右屈伸，同時，尾鰭好像劃八字似的游動，這是魚的游動代表方式。

其次就是利用尾鰭根部振動前進的「魚雷型」。

還有，如鰻魚般身體細長的魚類，會屈伸身體前進，稱為「蛇行型」。

此外，還有只利用魚鰭，好像波浪般搖動前進的「漕艇型」。

金魚是屬於基本型，而沒有背鰭的蘭鑄等則是接近魚雷型的游動方式。

雖然祖先是鯽魚，但是改良為觀賞魚的金魚，游動速度不像鯽魚那麼快。因此，不論是飼養金魚的水池或水槽，都要避免水的流速過快。

金魚通常具有群體游動的習性，如果離

個性與祖先鯽魚類似，非常溫和，不會攻擊其他魚類。

群而獨自游動時，就要觀察健康狀態了。

■性質、體質

金魚的性質類似祖先鯽魚——溫和，不會攻擊其他的魚，金魚之間也不會互相爭鬪，這也是金魚成為容易飼養魚類的原因之一。

此外，金魚屬於變溫動物，因此，會配合外界溫度變化而改變體溫。但是，要避免溫差五度以上的急速水溫變化。

如果是飼養在室內的水槽內，夏天要將水槽置放在室內最涼爽的位置，避免陽光直接照射；冬天則必須擱置在靠近暖爐邊的位置，並避免水溫突然上升。

此外，最適合金魚生存的溫度為十五到二十八度間。因此，一定要避免急速的溫度變化。

■生殖

在雌魚卵巢發育的卵子與雄魚精巢的精子進行受精，產生受精卵，形成胚胎，進而孵化為稚魚。

金魚是溫水性魚，因此在春天產卵。水溫到達十七～十八度時，性荷爾蒙的功能旺盛而開始產卵。適合產卵的溫度是二十度，因此，水溫在二十度左右的穩定時期為產卵期。

產卵期大約每隔十天會進行數次產卵。產卵數第一次約三千五百個，隨著次數的增加，其數目會減少。

成為親魚具有生殖能力的雄魚為二年魚，雌魚為三年魚；而能夠繁殖的雄魚為四到五年魚，雌魚為五到六年魚。

卵為附著卵，當雌魚產卵時，卵會附著

在水草等處，藉著追趕在雌魚之後的雄魚的射精作用而形成受精卵。

■發生、生長

金魚的受精卵是透明的，旺盛地進行細胞分裂然後孵化。孵化因水溫不同，日數也會變動。最適合的水溫為攝氏十九至二十度，這時的孵化日數約為五天。

孵化後的稚魚，腹部有稱為臍囊的塞滿卵黃的蛋附著，成為稚魚的營養。有臍囊時，稚魚幾乎不游動，一直靜止著。當臍囊內的卵黃被吸收光之後，稚魚才開始游動，然後攝取飼料而成長。

稚魚的成長受到水溫、餵食及水質等的影響。

金魚藻　在強烈的陽光下會充分地繁殖。

狐尾藻　光線較弱時很快就會枯萎。

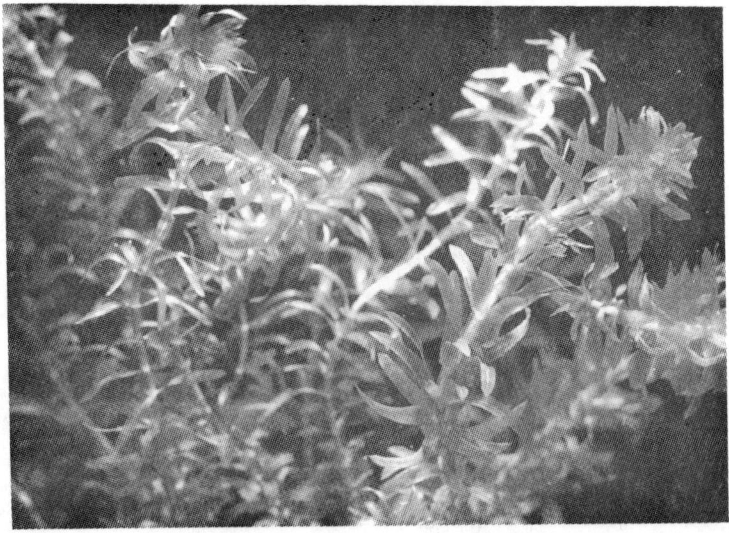

加拿大藻　適合做為產卵用，不適合觀賞。

（在成長的過程中變色）

金魚的稚魚到了成長期的某段時期會開始變色。孵化後一至二個月，不論是黑子或青子都和鯽魚具有同樣的顏色，但會漸漸開始變色。在一到二個月內，完全變成新的色彩，這種現象稱為「褪色」。

依品種和環境條件的不同，褪色的情形也完全不同。像更紗金的品種就不會出現褪色的現象。

金魚的體色主要是配合色彩的明暗度而產生變化。

在陰暗處顏色變化較慢，在白色的容器中顏色會退卻。

受到水質和溫度的影響極大。如果是生活在有浮游生物繁殖的水中或較淺的水中，顏色會較為濃而鮮明。

此外，與營養也有關。一般而言，如果成長快速時，體色較淡。

■植物

在水中，金魚與植物的關係有以下兩種。一種是成為氧供給源的植物；另外一種就是成為飼料的植物。

成為氧供給源的植物包括較大的狐尾藻、加拿大藻以及較小的硅藻、綠球藻等。植物利用陽光、水及水中的二氧化碳合成澱粉，進行所謂的光合作用。而在合成澱粉的過程中，會放出氧。金魚供給植物二氧化碳，植物則供給金魚氧。

飼養金魚時，使用的代表性植物到底有哪幾種呢？

（金魚藻）

金魚藻是進口種，原產於美國東部，日本則原生於溼地等處。

光線充足時則生長良好。生長過度時，要剪掉前端插枝，這樣就會再長出新芽，不斷地增加。長度可以自由增減，任何位置都能使用。適合金魚產卵，價格也非常合理，夏天會開略帶淡紅色的白花。

（狐尾藻）

狐尾藻非常適於做為金魚產卵用的植物。光線較弱時葉子會枯死，因此，不適合做為觀賞用植物。依照金魚草的要領插枝即可發出新芽，繁殖起來非常輕鬆。

（加拿大藻）

加拿大藻和狐尾藻同樣適合用於產卵，也不適合做為觀賞用。為引進的植物，常見於沼地、水池等地。

此外，做為金魚飼料的藻類植物主要是硅藻、藍藻、綠藻及鞭毛藻等。這些植物性浮游生物繁殖的水，對於水池飼養的金魚而言是不可或缺的。

這類植物性浮游生物被稱為「青粉」，對於金魚而言不僅是食物，同時和水草一樣同為氧的供給源。

此外，也具有避免水質或水溫急速改變的優點。但另一方面，青粉過多時，也是使水池或水槽的氧循環崩解的原因之一。

在水池或水槽中，需要這些植物的存在。但是大型的魚池則正好相反，討厭水生植物過於茂盛。因為不僅會造成氧平衡崩解，同時水中的營養素被植物吸收，會造成整體生態系的變化。

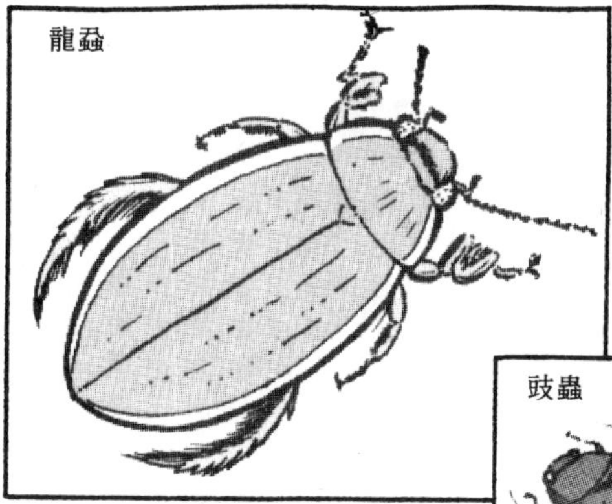
龍蝨

豉蟲

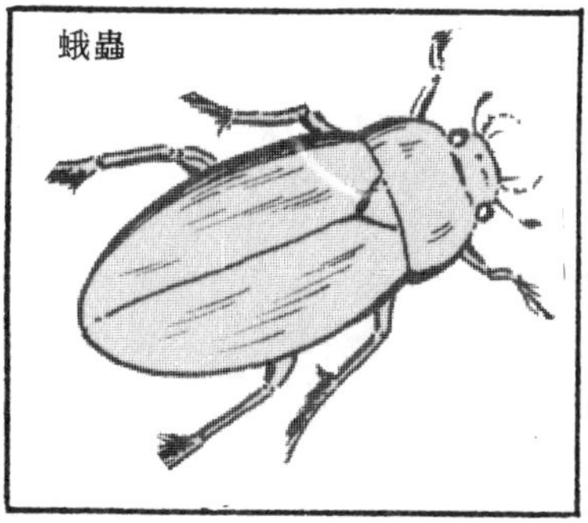
蛾蟲

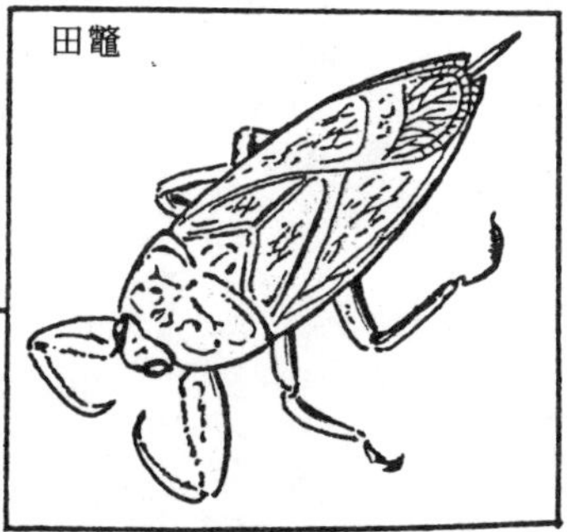
田鼈

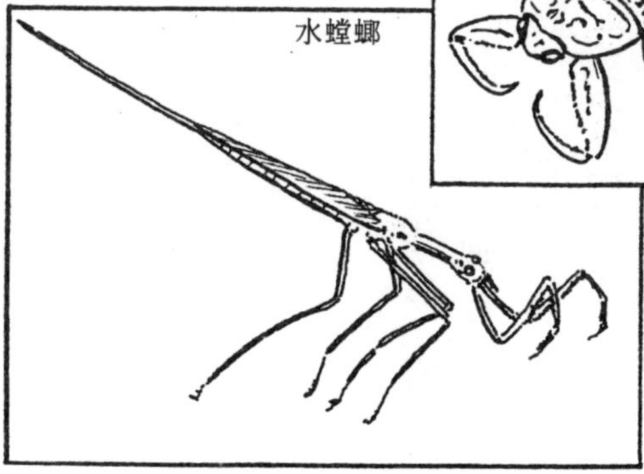
水螳螂

■害蟲

對於金魚會造成損害的水生昆蟲有以下幾種。這些害蟲由於受到農藥的影響，最近數量已逐漸減少。

（龍蝨）

體長四公分左右、扁平、橢圓形、黑色具有光澤。腹部及四肢為黃褐色或紅褐色，種類非常多。

棲息在池沼、小河及水塘。幼蟲、成蟲都會捕捉水中的昆蟲及小魚、蝌蚪等，吸取牠們的血液。夜間時會展現旺盛的行動，尋求新的生活場所。冬天會在泥土中過冬，春天時在水草上產卵。

（豉蟲）

與龍蝨非常類似，體長一公分左右，身體為扁平、紡錘形、黑色、帶有光澤。在水面鑽進鑽出，具有獨特的游動方式，受到驚嚇時會鑽入水中。吃水中的小昆蟲或稚魚，夜間飛翔。

（蛾蟲）

體長三到四公分，和龍蝨類似，但是不像龍蝨般擅於游動。棲息在沼、池、小河等處，幼蟲會損害稚魚。

（田鼈）

體長七公分左右，體色為褐色，表皮為皮質，前足成為銳爪。棲息於池、沼河等。吃魚、青蛙、蝌蚪、水生昆蟲和貝類等。對魚而言是大敵，初夏時節在水草處產卵，孵化後幼蟲立刻在水中生活。

（水螳螂）

體長四至五公分，身體細長，與螳螂類似而得其名。顏色為灰褐色，前足有爪。棲息在池、沼、河川等地，捕食魚類。
另外，像金琵琶、蝴蝶等也是會危害金魚的害蟲。

最近由於農藥的影響，水生昆蟲較少，但不能掉以輕心。

第二章
飼育金魚

1 水槽飼養的器具選擇

選擇水槽

將金魚飼養在室內時，從側面可以看金魚的水槽是最大衆化的飼養器具。

分為全部都是玻璃製以及為了擴大鑑面而採用玻璃或樹脂加工的曲面形水槽。

大小各有不同，但是如果水槽太小時沒有辦法飼養很多條魚，魚也沒有辦法養很大。

一般家庭選擇寬六十公分、深三十公分、高三十六公分，尺寸為六號或七號的較適當。這種尺寸的水槽可裝四十到六十公的水和十公斤的小石子。

考慮水槽的各種大小、形狀、飼養的數目及設計來選擇

此外，買帶框的水槽時，需注意的是，要仔細檢查玻璃板或樹脂與框之間的接著面。要選擇不會漏水的水槽。此外，樹脂製水槽雖不像玻璃製的那麼容易破裂，但較容易受損，變得不美觀。

過濾裝置的構造

養金魚時，必須注意水是否髒了，金魚吃剩的食物或排泄物會污染水質。

在自然界中，和魚一起棲息的微生物能夠分解不純物，調解成金魚可以棲息的環境。但是在水槽內，必須以人工的方式進行，以保持水的乾淨。

淨化水槽、不斷將新鮮的氧氣送入水中的設備就是過濾裝置。

過濾裝置能過濾污水，可以用空氣唧筒

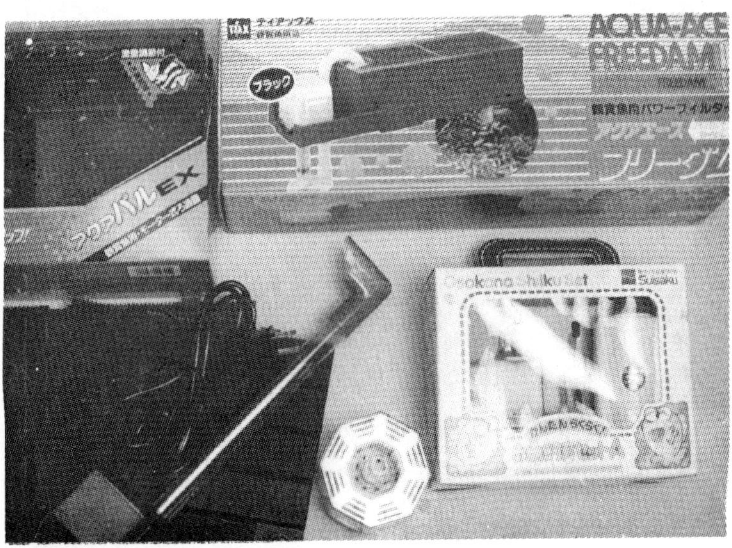

各種型態的過濾型置

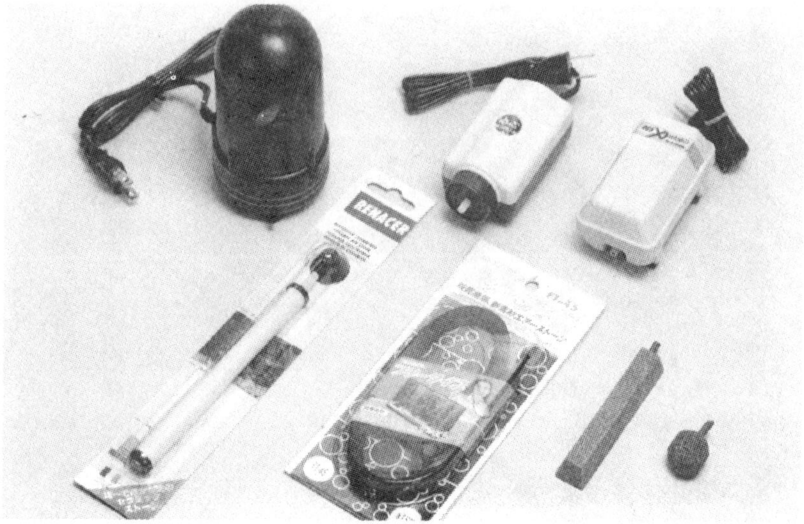

空氣唧筒具有將氧送入水中的作用

將空氣送入水中，通過管子將溶解的氧和水一起送回水槽內，並且在水槽內產生對流作用的效果。

各種過濾裝置

過濾裝置有以下幾種。

●底面式過濾器

這是設置在水槽底面使用的過濾器，首先在底面鋪設過濾器，其次再於表面鋪設當成濾材的砂和小石子。

過濾面積非常寬廣，過濾效果佳為其優點，但是，清潔時必須先將水槽內部倒空，所以較為麻煩。

配合水槽大小，具有各種底面式過濾器，以可伸縮型較為方便。

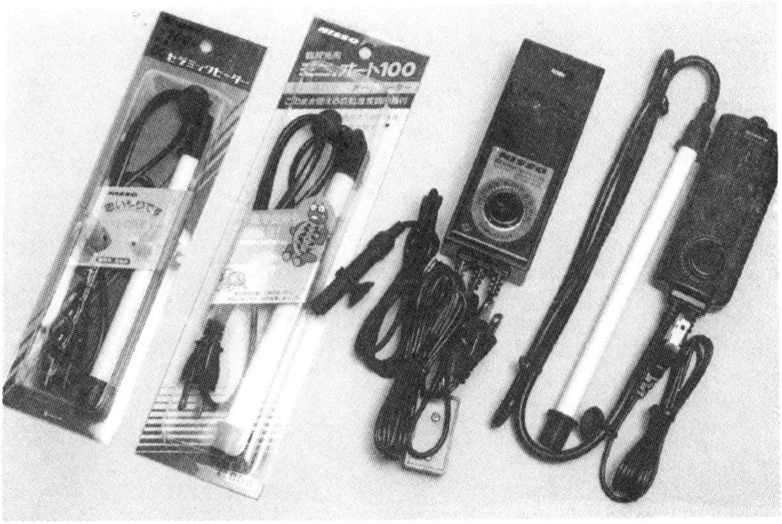

熱帶魚不一定需要保溫器具，但有備無患

●上面式、外部側面式過濾器

不像底面式過濾器設置在底面，而是設置在水槽外部（上部的側面）的過濾裝置。操作簡單且容易清理，已成為目前過濾裝置的主流。

設置在水槽外部的過濾箱中放入濾材，利用喞筒吸上來的水通過此處，然後成為乾淨的水再回到水槽中。

這個構造不僅能夠過濾污水，也能使水在循環中途接觸到空氣，往下落時就能夠同時進行通氣，以及使空氣中的氧溶入水中的瀑氣作用。

使用上部過濾器時，則不需要空氣喞筒。

●投入式過濾器

適合小型水槽的簡便過濾器。小型過濾

器種類繁多，形狀有圓筒形及放在角落的角型等。與空氣喞筒並用。

各式濾材

過濾裝置所使用的濾材種類繁多，主要有以下幾種。

●砂、石

舖設在水槽底部的砂子不僅能增加水槽的美觀，同時也能過濾細菌，是非常好的濾材。過濾細菌的經過是，將水中肉眼看不到的氨等有害物質進行有機分解，而製造出適合金魚居住的水中微生物。附帶一提，去除肉眼看得見的不純物使水清澄的方法稱為「物理性過濾」，而藉著過濾細菌的作用產生的過濾作用稱為「生物性過濾」。

確保適合金魚的水溫、水質非常重要

砂子放入上部過濾器的過濾箱中也可以發生作用。

●羊毛墊

是利用最多的濾材之一。任何型的過濾器都可以使用，非常方便，但是長時間使用時容易塞住。因此，要勤於清洗。

●人工濾材

利用樹脂或陶瓷等做成，是過濾細菌、抑制其繁殖的濾材。

空氣唧筒的重要性

用鰓呼吸的金魚吸收溶解於水中的氧。狹窄的水槽內氧氣容易缺乏，當水髒時氧更容易減少。

在這種狀態下的金魚呼吸困難，只好露出水面，張嘴一開一合呼吸，這種稱為「抬鼻」的行為，就是明顯的缺氧狀態。

為了防止這種情形發生，要利用空氣唧筒補給氧。

空氣唧筒將空氣送入水中時，在送氣管的前端帶有空氣石，會產生水泡放出水，一旦產生水泡時，就能有效地使氧溶入水中，同時也有使水槽內水循環的作用，亦即所謂的「通氣作用」。

在水槽飼養金魚時一定要通氣，因此，空氣唧筒是不可或缺的飼養器具，不論晝夜都要發揮作用。

但是，如果上部過濾器具有通氣機能，

在缺氧狀態下會出現「抬鼻」行為

配合水槽大小，使用不同的螢光燈

各種水槽小飾物。但不放入太多，以免弄傷金魚

這時就不需要使用空氣唧筒了。

保溫器具

在室內飼養金魚時，並不一定需要保溫器具，但是，金魚對於急速的水溫變化抵抗力較弱，因此有備無患。

保溫器具包括將水溫加熱的加溫器以及自動調節水溫的恆溫器，要兩者成套使用。

●加溫器

種類很多，經常使用的是石英管加溫器以及陶瓷加溫器。

最近頗受歡迎的產品是加溫器與恆溫器二者合一的製品，其特徵是操作簡單。

●恆溫器

包括雙金屬式與電子式。雙金屬式是兩片金屬膨脹率不同，而藉此測量水溫，使開關啟動的構造。構造簡單，不易損壞且價格便宜。

電子式則是能夠藉著電子感應器感應水溫開關，能夠正確地感應水溫，但是價格較貴。

螢光燈

在室內水槽飼養金魚時，需要螢光燈。在明亮的狀態下觀賞魚，較能享受觀賞之樂，而夜間更需要開亮螢光燈。

市面上售有各式螢光燈，可配合水槽的形狀選購。此外，發色方面包括白色、日光色、從白色到藍色、綠色等都有。

此外，據說金魚在接近自然的顏色下可

網、去除青苔器等要選擇適合水槽的製品。

貼在水槽裡面，向美麗的水槽設計挑戰。

底砂和水質中和劑是飼養金魚不可或缺的道具。

以看得見，包括天然白色或是日光色、白色等。

各種方便的小道具

●裝飾品

如果覺得水槽內空空的不好看，可以使用流木、岩石、橋、燈籠、水車以及烏龜動物模型等各種市售的裝飾品。

但是，裝飾品若放置過多，會使得狹窄的水槽變得更為狹窄，同時也會損傷金魚，這點必須注意。

小飾物不可放置太多，以免損傷金魚。

●水溫計

水溫計應與保溫器具一起準備。不必一定要買價格高的，只要看得清楚的就可以了。

●網子

清洗水槽時，必須要用網子移動金魚。準備大小兩種較好。

●吸水唧筒

利用虹吸管原理，吸取水槽內水的手動式唧筒，換水時非常好用。

●中和劑、水質安定劑

中和劑能夠去除自來水中的氯。在中和劑中添加的維他命就是水質安定劑。

換水的方法

飼養金魚時，首先必須注意的就是水質。飼主平時就必須勤於清理以保持水質乾淨。

要早點知道水槽內的水質惡化是很困難的事情，除了看水的透明度加以分辨外，金魚抬鼻的動作是最大的衡量標準。

如果金魚經常群集在接近水面的位置，並且嘴巴經常一張一合地好像要從大氣中吸收氧氣似的，就表示水質已惡化了。

此外，通氣的氣泡一直都不消失或是水發臭，都是應注意的信號。

水槽內會有魚飼料或魚排泄物殘留。如果未加以分解，氯會分解於水中而使水變得白濁。由於植物性浮游生物異常產生時，水會變成綠色，這時就必須趕緊換水。

水的淨化必須靠清洗水槽以及換水，同時還要清洗安裝於水槽的過濾槽。而這些工作要一次完成時，的確是相當辛苦。通常只是更換一部份的水，去除灰塵或藻類以清理水槽。有時也必須將水槽內的水倒乾而清洗過濾槽。

清掃和換水的作業若過於頻繁，對金魚的健康並不好。水質稍微骯髒就換水的話，對金魚的健康並不好。水質稍微骯髒就換水

●部份換水
把金魚放入別的容器中
將舊水留下三分之一，其餘排出
海波
放入新水，加入水質中和劑
金魚放回水槽中
●全部換水
將金魚小心地移入其他容器中
將舊水全部排出
水槽、器具要清洗乾淨，小石子、砂子也要清洗
水槽裝置好後加入新水，水質穩定後加入金魚。

的話，會使金魚的抵抗力減弱，因為金魚是很難應付急速環境變化的魚類。

◆換三分之一的水

有過濾裝置的水槽，一個月需換水一次，換入的水為三分之一，清掃結束後再換入新的水。如果一次就將水完全更換，對金魚而言並不好。

追加放入水箱的水至少在一天前就要擱置在一旁。這樣一來，就不會與水槽內的水有過大的溫差。

清理水槽時，如果附著於水槽內壁上的藻類太髒時，就必須要用刷子將其去除。但是，附著的藻類太髒時，就必須要用刷子將其去除。附著的藻類和水草一樣，藉著碳酸同化作用，可將氧放到水中。如果覺得有礙觀瞻的話，最好只去除水槽的前面，其他部份還是留著較好。

在換水時，可以利用水管等將污垢隨著排水排除。

◆不換水時的處置方法

水白濁的情形非常嚴重時，可將水全部換掉，清洗水槽是較好的方法。

如果水變得很綠，也最好將水換掉，換水的比例最好是二分之一到三分之二。如果把水全部換掉，也要留下一些綠色水，或是加入一些綠色水，使青粉發生較好。基本上，植物性浮游生物的繁殖有助於保溫，同時，也具有避免水溫急速變化的效果。

如果不換水，應注意以下幾點。

1.擱置場所是否適當。尤其是採光和氣

溫，對金魚的生長環境非常重要。

2.水槽內的水草是否太多。

3.水槽內飼養的金魚數是否太多。

以水槽的大小決定飼養的金魚數，魚數太多會造成缺氧，必須注意。

4.水槽內的水質是否適當。

5.餵食的方法是否正確。

6.水池的位置與構造是否恰當。

7.水池內飼養的金魚數是否適當。

金魚很難抵擋環境的急速改變。因此，如果水髒了立刻就換水的方法並不好，儘可能在不換水的狀態下花點工夫來改善。

◆能夠飼養的金魚數

金魚、魚類都是吸取水中的氧而生活。在水中的植物會吸收水中的二氧化碳而釋放出氧氣，但是能夠溶解於水中的氧量已經決定好了。

一旦氧平衡混亂時，金魚會因缺氧而死亡。

水溫上升十度時，一公升的水中溶氧量

大約會減少二CC。

此外，藉著金魚的呼吸，水中的氧也會消耗掉，當然因金魚的大小、種類和運動量而有不同。

體重一百公克的金魚在一小時內的氧消耗量約為四CC，所必要的水約半公升。

如果在三十公升的水槽內飼養金魚時，大致的標準是，六公分大的金魚只能飼養一隻，五公分大的可飼養二隻，四公分大的飼養五隻，三公分大的可飼養八隻，二公分大的金魚則為十隻。

2 飼料的種類與給予的方式

生餌（天然飼料）

生餌含有所有的營養，也容易幫助金魚消化，就算是吃剩的生餌對金魚也無害，可說是接近完美的飼料。但是，在都市化的地區，要採取生餌是不可能的。

因此，必須要到觀賞魚店購買生餌或是繁殖特定的生餌。生餌的種類分為植物與動物。以下敍述代表性的生餌。

各種動物性飼料

●**浮塵子**

屬於蝦蟹等節足動物的甲殼類動物的浮

游生物。浮塵子是甲殼類中的枝角類，是淡水產浮游生物的代表，此種小型浮游生物的運動並不活潑，適合做為稚魚的食餌。

最適合當成金魚食餌的浮塵子會因季節不同而變化為不同的形狀，大小約為一至二公釐左右。

以營養而言，這種無機鹽類對稚魚來說是最好的。

浮塵子常見於天然池沼、水塘等處。夏卵沒有雄的精子的受精而孵化，進化單性生

浮塵子
小型，運動並不活潑，最適合作為稚魚食餌。

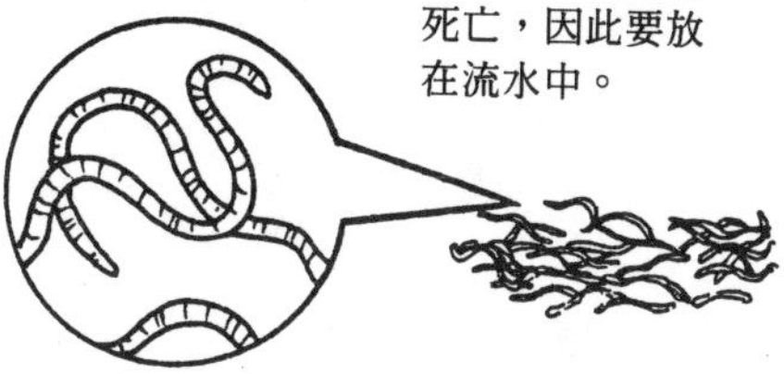

線虹蚓
一旦水腐壞時會死亡，因此要放在流水中。

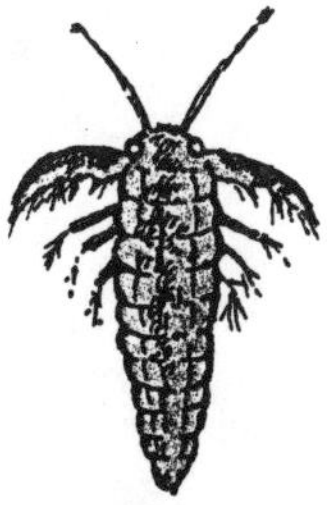

布拉因蝦
美國產的蝦的幼蟲，最適合做為稚魚食餌。

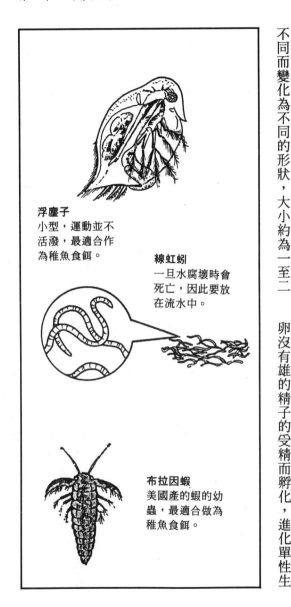

殖，冬卵則是經由受精而產生，進行兩性生殖。

在水溫十度左右時開始繁殖，二十五度是繁殖的最佳條件。

孵化後五、六天變成親蟲，據說親蟲可存活六十至八十天。

夏卵生下的全都是雌蟲，隔幾天產卵，一氣呵成不斷增殖。而後水溫下降食餌不足之後，夏卵又會孵化出雄蟲。這時雌雄之間才進行生殖，形成冬卵，由被膜包住過冬。

●劍浮塵子

是浮塵子的異種，同屬甲殼類，稱為橈腳類。與浮塵子相比，體型較為小型，並且體型特徵為較細長。

運動活潑，因此，是稚魚很難抓住的食餌。

產卵是利用兩性生殖而進行，這點也和浮塵子不同。

●線蚯蚓

線蚯蚓屬於環形動物，貧毛類，是普通蚯蚓的同類，別名為游絲蚓。

淡紅色，體長為五、六公分，呈絲線狀。

棲息在下水道的污泥表面，如果想要搜集線蚯蚓，牠會很快地藏入土中，因此很難取得。

必須將其和泥一起撈起，放入容器中，不久之後，只有線蚯蚓聚集在表面，就可以將其捕獲了。

收集時，因其表面帶有細菌，因此要用流水加以沖洗後，才能當成食餌使用。

紅孑孓
小飛蚊的幼蟲，最適合做為天然食餌。

當水腐爛時，線蚯蚓會死亡，因此，用水沖洗之後，在容器中放入少量的水，儘可能放在陰涼處，一天要換二、三次水。

●紅孑孓

是對人類沒有影響的一種小飛蚊的幼蟲。在較乾淨的水流泥底或落葉下築巢。紅色身體會由巢伸入水中，做出好像揮動棒子的動作，因此又被稱為「揮棒蟲」。

被當成優良的天然食餌，尤其適合用以飼養蘭鑄。

非常容易消化，有助於蘭鑄的色彩及肉瘤發育。

四季都可採取到，此外，在觀賞魚店或釣具店也可以購買得到。

●布拉因蝦

為美國產的蝦類。

以卵的形態從美國輸入，在乾燥狀態下可保存幾年都仍保有孵化能力。

只要環境完整，二十四小時內即可孵化，剛孵化的幼蟲具有聚集在光亮處的習性。將聚集的幼蟲用滴管吸取即可。

布拉因蝦適於做為稚魚的食餌。

植物性飼料

●綠球藻

植物性天然飼料的代表就是綠球藻。將綠球藻放入水中，能夠產生大量的植物性浮游生物青粉，不僅可做為金魚的食餌，也可做為動物性飼料浮塵子等的食餌。

綠球藻以植物學的觀點而言，屬於綠藻類。大小約十微米，甚至還有更小的，用肉眼看不到。

分布在世界上的有十幾種，一般常見的有三種。

綠球藻的形狀為球狀單細胞，這個細胞是由四個變成八個，再變成三十二個，然後再變成六十四個，不斷地增殖。

繁殖力旺盛，所以能夠迅速收穫。

綠球藻的另一特徵就是具有極高的營養價值，甚至較麥糠、大豆渣、米糠等更營養。

綠球藻的營養價特色是富含蛋白質。同時，也含有許多動物成長所需的維他命和其他成份。

培養綠球藻只需陽光、水和少量肥料。

初期要少量培養，以此為基礎再進行大

量培養。

最初可利用金魚缸的水或池水，將充分腐熟的油渣稀釋為三十倍到五十倍。

腐熟的油渣要避免產生細菌，直接稀釋可能會出現細菌，因此要煮過、殺菌後再做成培養水。

培養水做好之後，放入能夠曬到太陽的容器中，放置在陽光充足的場所。

最理想的水溫是二十五度左右，太低的水溫無法培養。在三十度以上時也不適合培養，所以必須加入冷水，使溫度降低。

為了增加綠球藻，需要二氧化碳，可以使用空氣喞筒，在第一週到第二週內，就可繁殖天然的綠球藻，使容器變為綠色。

容易處理的人工飼料

天然飼料在營養上而言，還是有其缺點。如果使用人工飼料，則較易處理，也容易購買。

人工飼料的原料是：動物性魚粉、乾燥蛹、乾燥浮塵子、糠蝦、小蝦、魚粕，以及植物性大麥粉、小麥粉、米糠、馬鈴薯等。

以此為基礎，再均勻地添加蛋白質、脂肪、碳水化合物、維他命和礦物質等，避免造成消化不良而先煮過，乾燥後才做成人工飼料。最近，也有將天然食餌急速冷凍而成的冷凍肥料，當成人工肥料販售。

●人工飼料的形態

乾燥飼料因其形狀不同，分為大顆粒（

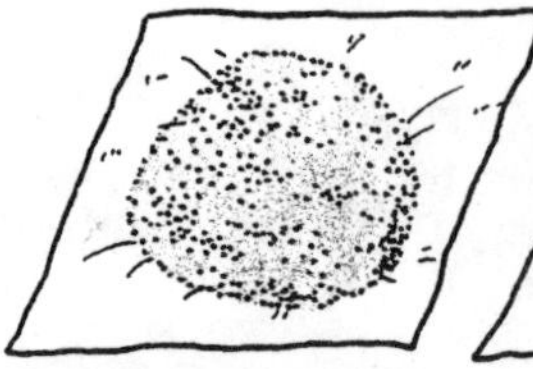

小型金魚和稚魚使用的小顆粒狀飼料

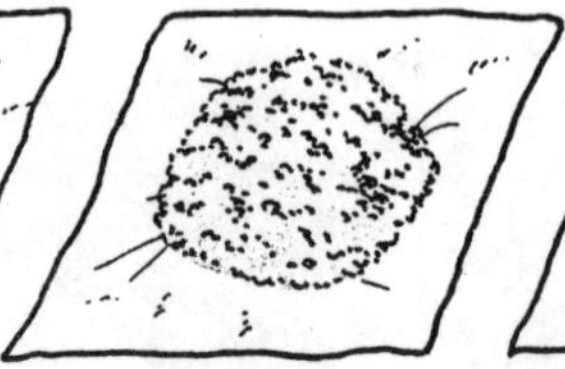

大型金魚使用的顆粒狀飼料

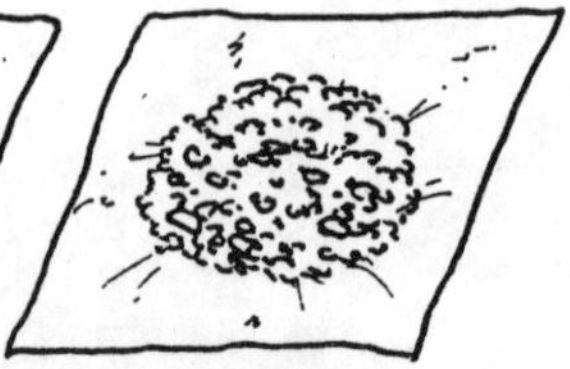

自家配合飼料用的薄片狀飼料

固體）、小顆粒（顆粒）、薄片（粉末）等。

大顆粒直徑約為三公釐至六、七公釐，適合較大型的金魚食用，放入水中時，有的會下沈，有的會長時間浮在水面上。

小顆粒狀的飼料適合小型金魚或稚魚。因為顆粒小，容易給得過量，也是導致水質惡化的原因，必須注意。

粉末狀飼料用來做為自家配合肥料時，大多用來和其他原料混合使用。

大多是以大小來區分。此外，有的飼料則是在金魚喪失食慾的冬天時給予的過冬性飼料。有些則添加了植物性浮游生物螺旋藻，使金魚的體色變得更為鮮艷。

●自家製飼料

動物性飼料與植物性飼料配合的比例因

給予適合金魚口大小的飼料

金魚種類而異。例如，和金飼料為植物性五比動物性五；琉金飼料則是植物性七或八比動物性三或二；蘭鑄則是動物性稍多的比例配合。

將原料充分擣碎混合，麵粉等穀類一定要加熱煮熟，否則會造成金魚消化不良。黏稠必須適中，不可放水後就立刻溶解。

餵食的方法

剛買回來的金魚放入水槽中，暫時不要給予飼料。由於包括水質在內的環境變化，會使金魚的體調混亂。餵食物和以往的飼料不同，金魚一定不會吃，只會導致飼料沈入水底而污染了水質。

1天餵食2次，注意不可給予太多

●飼料的量、大小

飼料必須適合金魚口的大小，且很難溶於水。

金魚所吃的飼料量，因水溫、品種和年齡而有所不同。水溫較低而使金魚活動遲鈍時，食量也會減少。水溫在十五度以下時，金魚的食慾會急速減退。在冬季時，金魚通常是在絕食狀態中。

相反地，水溫高時，金魚的食慾旺盛，而在二十度至二十五度之間吃得最好，如果

水溫15℃以下時，食慾會減退，相反地食慾會旺盛。

溫度上升到三十度時，飼料容易腐爛。

一般而言，一天給予的量因飼料種類而有所不同，當歲魚給予金魚頭大小的飼料；二歲魚則給予金魚頭一半大小的飼料量。

餵食的時間通常是一日二回，上午九點和下午五點各一次。每次在五分鐘到十分鐘之間吃完為適量。

金魚若喪失食慾時就必須注意了。這時就必須考慮可能是水溫的變化、水質的變化或是金魚的疾病等等原因。

3 選擇水及水溫

飼養用的水

●自來水

一般會考慮到自來水，但自來水經過消毒，混有氯，如果直接使用對金魚不好。必須要中和氯。

用洗臉盆裝置自來水，放置一、二天才使用。放置於曬得到太陽的地方最好，因有助於使氯快速消散。

另外一個方法就是使用海波（硫代硫酸鈉）來中和水。二公升的自來水使用一個如米粒般大的海波混入水中充分攪拌。

只要海波充分溶解於自來水中就可以使

用了。

●河水

現在已幾乎沒有人會使用河水。如果要使用的話也必須仔細調查河川的水質，如果有工廠排放的廢水或家庭廢水流入的河川當然就不可以使用。

此外，如果使用農村的河川水時，要考慮水中是否含有農藥或寄生蟲等。因此，最好不要使用任何地區的河川水。

●湖沼水

湖沼水比河川水使用的例子較多，但是考慮到工廠排水及家庭廢水的問題，最好還是不要使用。

如果真的要使用，必須要用石蕊試紙測試水的酸鹼值，確定為中性後，再用布或過濾紙過濾後再使用。

如此一來，就可避免害蟲或害蟲卵混入水中。

●井水

井水的水溫一年到頭都不會有什麼變化。但是直接使用的話溫度太低，以水質來看，大多是酸性或強鹼性的水，因此不適合飼養金魚。

適合飼養的水溫

●適溫

一般而言，飼養金魚最理想的水溫是十六度到二十八度，其中以二十二度最適中。

如果是二十二度，金魚會活潑地運動，

池、河和湖水可能受到工業及生活排水的污染，不適合用來飼養金魚。井水擱置一天會混濁的話就不要使用。自來水因含有殺菌消毒劑，因此要放入水質中和劑後才可以使用。山間的泉水則可以使用。

也會吃很多飼料。可迅速地成長，而成為美麗的金魚。

必須注意保持水溫，尤其是稚魚，要好好地進行溫度管理。

稚魚的抵抗力較弱，水溫較低時可能會造成死亡，愈是高級的金魚抵抗力愈弱，稚魚更是如此。

如果是魚卵或孵化不久的稚魚，爲避免水溫下降，必須要用塑膠布蓋住水槽。

●水溫的變化

金魚很難應付水溫的急速變化。溫度變化的極限是平常習慣性溫度的正負五度。相反地，對於緩和的溫度變化可應付。有人說，如果水溫緩慢地下降，甚至下降至零度，金魚也能生存；相反地，慢慢地加溫至三十

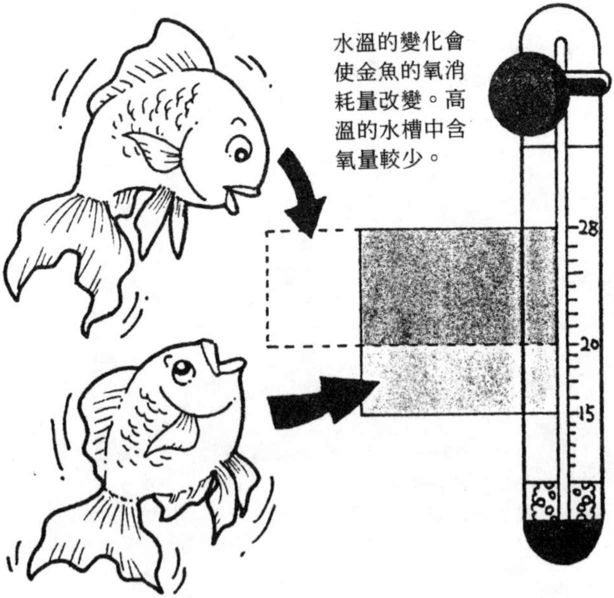

水溫的變化會使金魚的氧消耗量改變。高溫的水槽中含氧量較少。

五度時也不要緊。但這並不是理想的水溫狀態，還是要維持理想的水溫較好。

室內的小型水槽、屋外較淺的水泥池等，到夏季時水溫會急速地上升，應特別注意。

●水溫與氧

觀察水溫與水所含氧量的關係，可知水溫上升時氧量會減少。

在高溫的水槽中不僅水溫升高，含氧量也會減少，如此會造成金魚呼吸困難，不適合用以飼養金魚。

此外，水溫愈高時，金魚的活動會變得旺盛，而會增加氧消耗量。

為了正常地飼養金魚，必須經常使溶解於水中的氧量超過金魚消耗的氧量，如果缺氧，金魚會出現抬鼻的動作，這時，溶解於一公升水中的氧量僅有零點五ＣＣ而已。

水溫的變化對於含氧量也會造成很大的影響，因此要好好地進行通氣，多加注意。

4 金魚的選擇法、處理法

品種的選擇法

初次養金魚的人首先當然要選擇強壯、容易飼養的金魚。以品種而言包括和金、朱文金、彗星等。

只要牢記飼養的方法，飼養易於照顧的金魚，再嚐試其他品種就不容易失敗了。

金魚分為活潑游動的和金型、大型鰭較

長的琉金型以及沒有背鰭且活動較緩慢的蘭鑄型等三大類。

同樣的水槽中，要飼養同樣大小、同型的金魚。

若是不同型或是體型差異過大的金魚一起飼養時，由於游動的速度不同及身體大小的差異，較弱的金魚會受到欺侮。如果想飼養不同的金魚時，最好使用不同的水槽。

●適合水槽的品種、適合水池的品種

金魚包括可以從側面觀察體型之美的琉金、更紗金、突眼金等金魚，以及像蘭鑄、土佐金、水泡眼等從上方觀賞的金魚。

如果用水槽飼養時，當然要選擇從側面觀察的品種，用水池飼養時，則選擇從上方觀察的品種較能欣賞其優美的姿態。活動旺盛的和金型品種與其放在狹窄的水槽中，還不如放在水池中較能欣賞牠的美麗。

購買時的注意事項

一年到頭都有販賣金魚，品種也增加了很多。因此，可隨時隨地購買喜歡的品種。

但是，金魚屬於變溫性動物，溫水性的金魚在水溫較高的季節，身體會較有光澤，且有元氣地游動，但是到了冬天溫度下降時，通常會變得不太活動且沒有食慾。此外，冬季購買也有許多飼養方面的問題，因此，最好選在春、秋兩季溫暖時購買，開始飼養較好。

購買時，應選擇信用可靠、管理良好的魚店。店內小槽裡的金魚游動活潑，且當人靠近時金魚會靠過來的店，才是可以信賴的

購買金魚時要選擇信用可靠，管理良好的店

店。

選擇金魚時的重點如下：

1.身體充滿光澤、光輝。
2.在群體中帶頭、很有元氣游動的金魚。
3.鰭或鱗片沒有受傷。
4.身體沒有小的紅點或白點。
5.整個鰓呈現鮮紅色。

初次購買的金魚，可能只會注意到牠的顏色或形態之美，但是，最重要的是要選擇健康的金魚。

此外，也要注意水槽的尺寸，不要購買太大。剛開始時少量飼養，習慣以後再追加較好。

●金魚的處理方式

購買金魚時，金魚店的老闆會將金魚放

不要給與振動或打擊，不要長時間放在密封的袋中。此外，要注意急速的水溫變化，小心地運送。

在有水和氧的袋子裡讓你帶回家。

搬運過程中的稍微振動不會對金魚造成什麼問題，但是最好將金魚放在防震波浪紙盒中，放在陰暗處帶回來。

帶回來的金魚連同袋子放入水槽或水池中三十分鐘，盛夏時節時，將袋子放入水池中的陰涼處。

如此一來，袋中的水和水槽或水池中的水溫大致相同，金魚就不會因急速的溫度變化而受到傷害。

打開袋子，將金魚放入水槽或水池中時，應小心，絕對不要用手捉金魚。放出來後，在金魚還沒有習慣環境之前不要靠近牠，儘可能讓牠安靜。

水草的選擇法、準備法

選擇水草時，必須考慮到今後水草成長的問題，來決定大小。

種植在水槽中的水草不僅能防止水質惡化，同時能預防夏季時水溫急速上升，也能使景觀變得更美。

水草包括狐尾藻、黑藻、金魚藻、杉葉藻等全部沈在水中的沈水植物，以及菱或睡蓮等只有葉子浮在水面的浮葉植物，此外，還有鳳眼蓮、浮萍、水萵苣等葉子浮在水面、根垂入水中的植物。

其中，能夠從側面觀賞，最適合家庭水槽的，就是沈水植物。

◆水草的種植法

首先，清洗放入水槽中的細砂子。六十公分的水槽放一公斤的砂子較好。細砂子放入容器中，好像淘米似的清洗，直到容器的水乾淨為止。

洗淨的細砂子放入水槽內，前峰厚度為五公分，後峰厚度七公分，成傾斜。加溫器放入深處的砂子中，如果是使用底面式過濾裝置，請在過濾板上鋪砂子。

水草用自來水清洗乾淨後，切除枯萎的葉子或變色的根部，青苔等附著物也要洗掉。

種入鋪上砂子的水槽時，從水槽的深處植入。植入前要挖好洞，將根直接插入其中。根部要利用小石頭或小五金等固定，以免水草浮上來。

放入肥料時，三十到四十棵水草放入一

●水草植入法

1.放入水槽中的小石子要像洗米般淘洗乾淨。60公分的水槽要放入10公斤小石子。

2.小石子放入水槽後，前方堆5公分厚度，深處堆7公分，造成傾斜度。

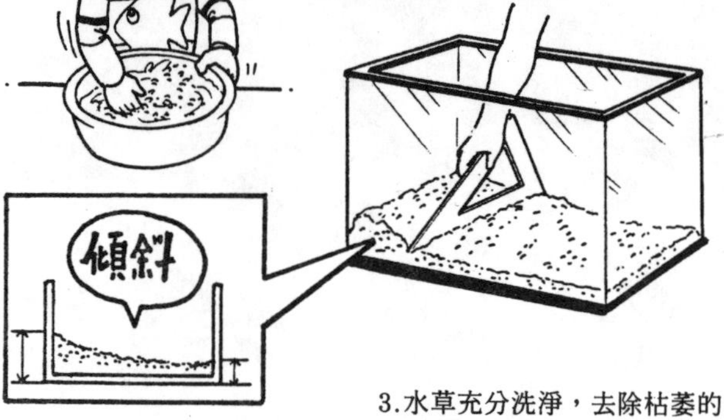

3.水草充分洗淨，去除枯萎的葉及變色的根。

4.葉先稍微重疊，從水槽深處植入。

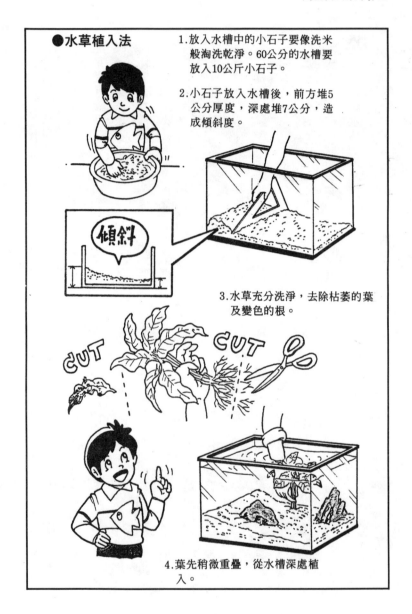

粒肥料，埋入底砂中。

水溫上升時，金魚會產生食慾，可能會啃食水草葉，或挖食根部。這時，要用帶孔的塑膠板將水草和金魚隔開。

◆水槽的安置

購買水槽前，首先要決定水槽的安置場所。但是必須再仔細確認，因為水槽放入水後會變得很重。

標準型是六十公分的水槽。裝滿水後，光是水就有五十五公斤的重量，加上水槽本身的重量、底砂、過濾器等各種器具，總重量超過七十公斤。

一旦設置後，即使是簡單的移動也非常重，因此要仔細考慮設置的場所。

設置時應注意以下幾點。

1.基礎穩固

當然需要穩固的基礎，才能承受這麼重的水槽，不要放在榻榻米上等柔軟的場所。

2.水槽要水平放置

水槽一定要水平放置。如果水槽呈傾斜，經過一段時間後，水槽內的水會造成水槽歪斜，也是造成玻璃破損或漏水的原因。

3.選擇容易使用水的場所

換水或是清洗水槽時，需不斷使用水，因此，最好能選擇靠近自來水，能夠自由排水的場所較好。

4.避免陽光直接照射

水溫急速變化會對金魚造成不良影響，因此，水槽必須避免放在窗邊等會直接照到陽光的場所。

5.避免放在電器製品上

●水槽的安置

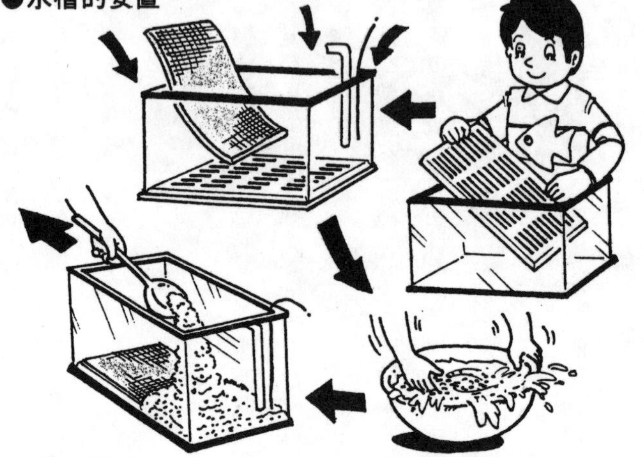

1.底部舖過濾板
2.在過濾板上舖墊子
3.將小石子充分洗淨
4.充分洗淨的小石子舖在過濾板上

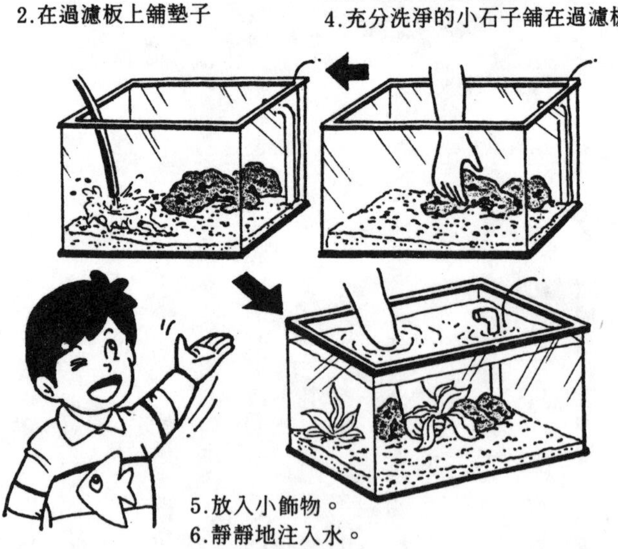

5.放入小飾物。
6.靜靜地注入水。
7.測量水溫成為適合水草的水溫後植入水草。

水槽內的水一旦漏在電器製品上，有導電的危險，因此，絕不可將水槽放在立體音響或電視等電器上。

儘可能將水槽放在安靜的場所。同時，不會受到貓或其他寵物攻擊的場所。

水槽的安置要依以下順序進行。

6.將水槽、各種器具及砂子用水洗淨，這時，絕對不能使用任何洗劑。

7.水槽設置在水槽台上，必須確認水槽是否保持水平。

8.水槽底舖砂（如果是底面式的過濾裝置，則在過濾器上舖砂），再固定加溫器或恆溫器等必要器具。

9.將水放入水槽中，用板子或盤子等承接水，再注入水，可避免水勢將舖在底部的砂彈起或將擺好的小飾物沖倒。若未使用事先擱置的水，別忘了要先中和水。

10.如果選擇上部過濾器，則將其裝置在水槽上。同時，也不要忘了安裝螢光燈。

11.插上電源，讓器具運作。確認各器具正確地運作時，至少要讓其運作一天。

以上就是水槽安裝法，然後再放入金魚，因為水尚未充分地調合，一開始不要放入太多金魚，應觀察狀況，慢慢地增加。

第三章
養育金魚

1 增殖的方法

選擇親魚

●親魚的選擇法

為了能夠採卵、孵化，選擇好的親魚是必要條件。

好的親魚的第一要件就是優良的血統。親魚的形態、色彩等會遺傳給子魚。

第二要件為親魚的年齡。通常是雄魚為二至六歲魚，雌魚為三至七歲魚。

選擇做為親魚的魚不要選擇青年魚或老年魚，這些親魚的受精率不高，卵不易孵，或者即使孵化也會造成畸形。

最理想的就是雄魚為三、四歲魚，雌魚為四、五歲魚。

一旦決定採卵後，就要將雄魚和雌魚各自放在不同的水槽內飼養。

●選購親魚的時期

金魚的產卵期約為四月下旬到七月為止。往回推算就知道購買親魚的時間為三月底，最遲為四月初。

但是在這個時期很難發現好的親魚，而且價格非常高。因此，暫時錯過排卵期，等到魚產卵後再買入，飼養一年後，到隔年再行採卵也是一個不錯的辦法。

●分辨雌雄

在產卵前，一定要分辨雄魚和雌魚。

在幼魚時較難區別，但是一歲魚以上，

就容易判別了。

區分的重點為1大小、2腹部、3肛門、4生殖孔的形狀、5有追星。

1.對大小方面，同樣年齡、同樣環境一起成長的金魚而言，一般而言雄魚的體型較大。此外，在尾鰭方面，雄魚的尾鰭較長，但形狀還無法區分。

2.腹部的形狀是，雌魚的腹部較雄魚更朝側面突出。

3.肛門的形狀為：雄魚為橢圓形；雌魚為大圓形。

4.以生殖孔的形狀加以判斷是最容易了解的。雌魚的生殖孔為圓形且突出；雄魚的生殖孔較雌魚的小，且形狀為長橢圓形。

5.追星。追星就是到了二歲以上的雄魚會出現的白斑點。追星在雄魚發情期時會出現，因其狀態的不同，斑點數目也會增減。

主要出現在鰓蓋、胸鰭、背鰭、鱗片等處。發情愈強者點狀愈大。通常直徑為一公釐左右，為堅硬的小突起。產卵行為結束後，追星會消失。

不僅是雄魚，雌魚身上偶爾也會出現追星，必須要注意。

產卵的順序

●準備產卵槽

為使產卵順利地進行，必須準備方形水槽等較寬的容器。產卵的行為是在接近水面的地方進行，因此，過於狹窄時不容易產卵，或者是在中途會停止產卵。以雄二雌一的比例準備一平方公尺的空間，深度只要三十公分就夠了。

每一平方公尺產卵槽中放入雄魚2，雌魚1的比例

在還沒有移到產卵用的容器之前，雄魚與雌魚要分開飼養。

●魚巢

金魚卵帶有黏性，因此容易附著。產卵巢中必須事先放入魚巢。

為避免傷害金魚的身體以及產下的卵，因此要選擇柔軟、寬廣的魚巢，而使卵容易附著。

也可以使用水草、金魚藻或加拿大藻。為避免其他生物的卵附著，因此要充分沖洗乾淨。川柳根或棕櫚皮都很適合，使用時要先煮過，去除澀液。若使用水草或棕櫚皮，放入水中時為避免散開，基部必須先紮好。

魚巢以一條雌魚放入二、三束較好。

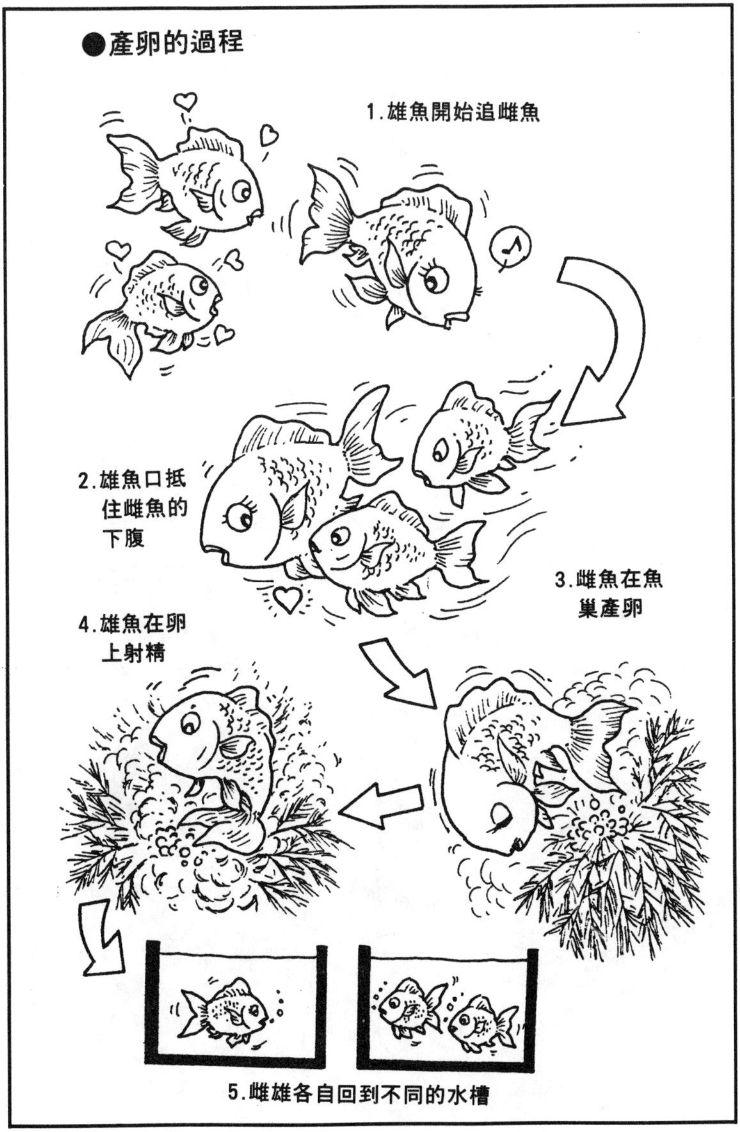
●產卵的過程
1.雄魚開始追雌魚
2.雄魚口抵住雌魚的下腹
3.雌魚在魚巢產卵
4.雄魚在卵上射精
5.雌雄各自回到不同的水槽

●產卵期

金魚的產卵期是四月下旬到七月為止。

這個時期是最適合金魚產卵的溫度，也就是說水溫在二十度左右。從九月到十月時，水溫也是二十度左右，也可以進行產卵，但是接下來的時間水溫會逐漸降低，金魚無法充分發育。

例如日本，北部和南部有明顯溫差，因此二十度的時期稍有不同。大致的標準就是櫻花盛開的時期，可當成適合金魚產卵的時期。

可以人工的方式調節水溫，促使金魚提早產卵或延遲金魚產卵的時間。若是提早產卵，當成稚魚食餌的浮塵子還沒有長大，太遲時又可能造成畸形，因此要選擇自然適當的時期。

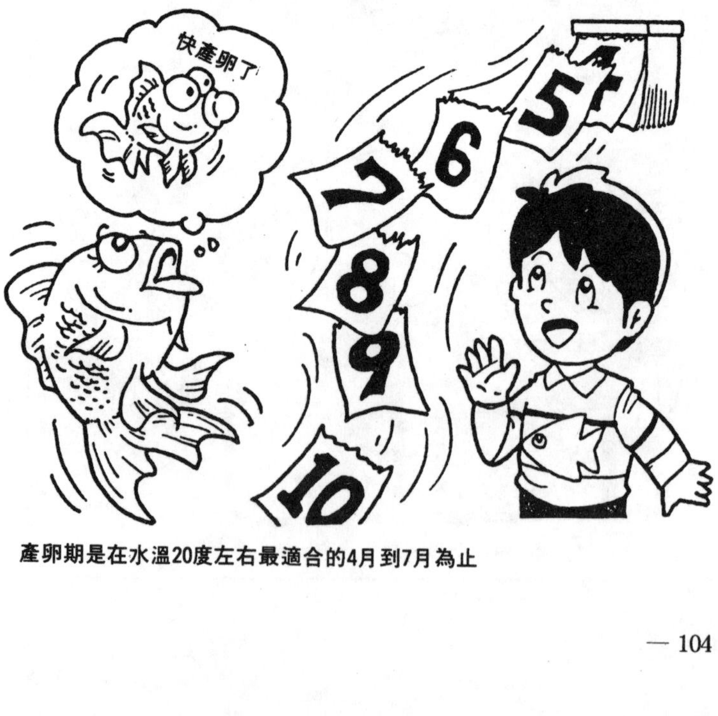

產卵期是在水溫20度左右最適合的4月到7月為止

●以雄二雌一的方式進行產卵

接近產卵期時，雌魚的腹部會急速膨脹，游動的方式也不穩定。

雄魚則會出現明顯的追星。

當雌魚和雄魚出現這種情形時，就表示即將產卵了。

需要減少雄魚的飼料，讓牠肚子餓。

看見魚即將產卵時，要在產卵槽（或水池中）放入汲取備用的水。到了傍晚，就將雌魚一、雄魚二的比例將金魚放入水中，這時，如果雌魚為二隻，雄魚則為四隻，形成二比一的比例，到了第二天早上，雌魚會先游到魚巢周圍，雄魚會追趕其後。

雌魚會將身體附著在魚巢上產卵，雄魚會追在其後進行射精。到此受精終了。

產卵數約為五百個。平安無事地產卵射精後，將雌魚和雄魚個別放入水槽中，以稍高的溫度讓其充分休養。

隔二、三天後再餵食，使其具備充分的營養，以便下次產卵。

孵化

產卵終了後，將附有卵的魚巢移入孵化槽中。

使用原來的產卵槽也可以。如果準備另外的孵化槽，不要忘了要和產卵槽保持相同的水溫和深度，同時要進行通氣。

保持產卵時的水溫也可使用加溫器。

移動魚巢時，必須避免附著的卵掉落。

移動魚巢前，將魚巢浸泡在孔雀石綠三十萬分之一的溶液中二十五分鐘，進行消毒，以避免魚卵因為雜菌而死亡，這是非常重

將魚巢從產卵槽移到孵化槽。保持水溫，隨時通氣

要的步驟。

孵化槽的容量為：水面積一平方公尺、深十五公分時，可以收容一萬個卵左右。為了使魚卵孵化，不需要換水。但由於水深的關係，必須注意溫度的急速改變。

使用水池時，到了傍晚要趕快使用蓆子覆蓋。

卵繼續發育會變成透明，如果變成乳白色，則是死卵或未受精卵。

順利孵化的卵中會有黑點，這是稚魚的眼睛。

漸漸地會看見稚魚的身體，最後稚魚破殼而出。

孵化所需的時間水溫愈高則愈短，愈低則愈長。一般而言，順利的話在產卵五日後會孵化。一、二天內卵就會改變。

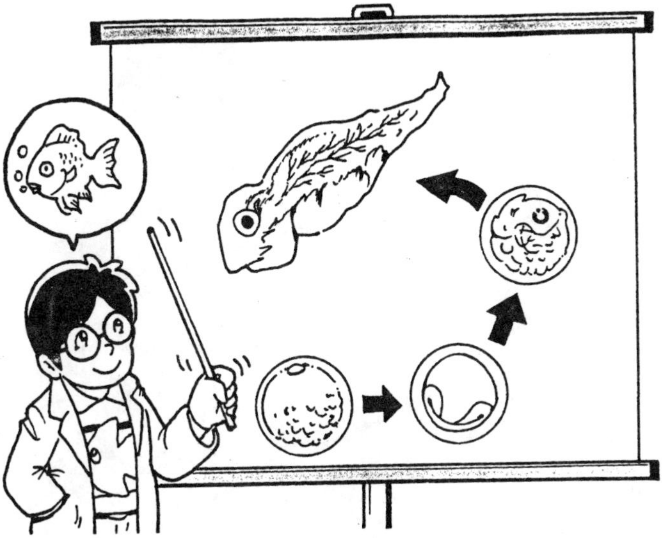

稚魚腹部有營養的半透明袋，這時不用餵食

稚魚的餵食

剛孵化的稚魚不會游泳，而會好像貼在壁上般靜止不動。

這時還不需要餵食。稚魚的腹部有裝入營養的半透明袋（卵囊），稚魚吸收此處的營養而生存。

●餵食前的準備

大概三天內都會吸收卵囊的營養，然後口和腸會發育完成。能夠開始吃飼料的稚魚會因爲找尋飼料而開始游動。

這時可以取出魚巢。因爲魚巢中還有其他的稚魚，因此，將魚巢取至其他容器內輕輕地搖動。

這就是稚魚的飼養。

稚魚的食餌以浮塵子最適合。用網眼較粗的紗布篩過後，只給予0.5公釐以下的浮塵子。

飼養槽可以直接使用孵化槽。在魚卵的形態時，每一平方公尺可容納一萬個卵；但孵化爲稚魚時，由於稚魚不斷地發育，會使水槽內的密度過高，而影響稚魚的發育。

所以，隨著稚魚的成長，也要更改稚魚的密度。

●飼料的種類與餵食的重點

稚魚的飼料以浮塵子最適合。在排卵前就要先在培養池內製造浮塵子生存的環境使其發揮功效。

浮塵子太大會使稚魚無法將它吞下，因此要用網眼較大的紗布篩過，只留下零點五公釐以下的浮塵子給稚魚食用。

由於浮塵子是活的，因此在水槽中多放一點也不要緊。稚魚想吃的時候就讓牠吃，一天可追加二次。

如果沒有浮塵子時，也可以用布拉因蝦代替，也是很好的食餌，因為是進口品，所以價格昂貴。

此外，也可以餵食蛋黃。剛孵化的稚魚腹部都有蛋黃。

辦法是，將雞蛋煮熟後，將蛋黃包在較粗網眼的紗布內，往牆上敲打使其破裂，然後溶於水中餵食，但可能會造成水質惡化，必須注意。

最理想的還是使用浮塵子。但隨著稚魚成長，食餌的量會增加，這時就必須考慮更換為人工飼料了。

食餌的量，若是稚魚的話為體重的百分之五。孵化後四十天，體長為三公分左右的稚魚體重約一公克，以此為標準，給予適量，易消化的食餌。

此外，這個時期容易感染寄生蟲，一旦感染後便會大量死亡，因此必須特別注意。

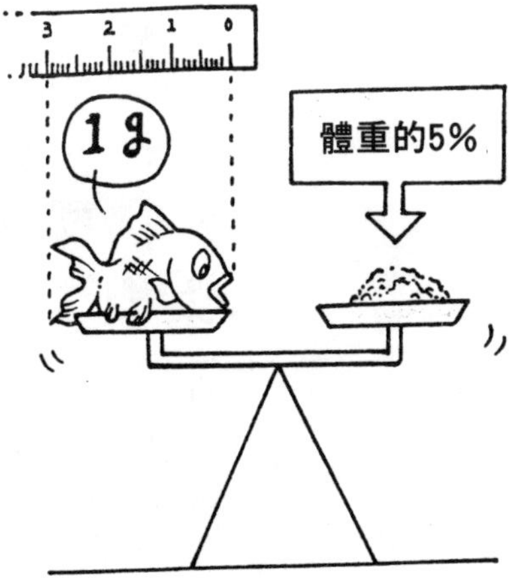

食餌的量為體重的5%是基準量

選別

如果是大規模的養魚場，餵食後不久就會將稚魚放入有大量浮塵子的池中。如果只是純為興趣而養殖，不必這麽做。

為使稚魚健康、美麗地成長，必須隨著稚魚體形的成長，慢慢地調整飼養槽的密度。

剛出生的稚魚並不全有正確的體型，體型會隨著稚魚的成長而改變。

好不容易生下的小魚當然牠們全都長大，所以需要大量的食餌。同時，在過密的狀態下，稚魚無法順利成長。

進行選別絕對必要。例如，逛夜市時撈金魚，也是一種選別法。

孵化後要儘早進行選別。但若稚魚還太小，尾鰭形成尚未長好，太早選別也不適當。還是必須等牠到某種程度為止。

孵化後過了一個月左右，換水時可以進行第一次選別。接著再過十日後，隨著稚魚的成長，仔細觀察其逐漸清晰的體型、體色和各鰭等，分辨其好壞，進行五次選別，只留下好的品種。大致的標準是減少為最初數目的百分之二十。

因品種不同，選別的難易度也各不相同，必須注意。

●選擇重點

因品種和地方不同，選擇的重點也不同。一般的重點如下：

首先是體型，體型以左右對稱最為理想。左右不對稱者必須去除。

其次是色彩，所謂兩奴就是鰓蓋部份是紅色，這種品種較好。另外，口紅是指嘴角部份好像塗上口紅似的帶有紅色，這也是優秀的品種。所謂六鱗則是頭和各鰭為紅色，其他部位為白色，這是珍貴的品種。

除此以外，還有紅、白混雜的更紗，評價也很高。依紅、白的比例不同，有的紅色較多，有的白色較多。此外，以紅色較多的更紗較為優秀。

相反地，整個身體呈現白色的稱為白子，不受重視。

尾鰭的評價依品種而加以區分。以三尾、櫻尾、四尾較為優秀。

●第一次的檢查重點

第一次是觀看尾鰭是否符合這個品種的形狀，當成選別的重點。

朱文金或彗星大多殘留鯽魚尾。魚尾過度張開者必須去除。除了這二個品種以外，其他則是相反，除了鯽魚尾以外，張開魚尾

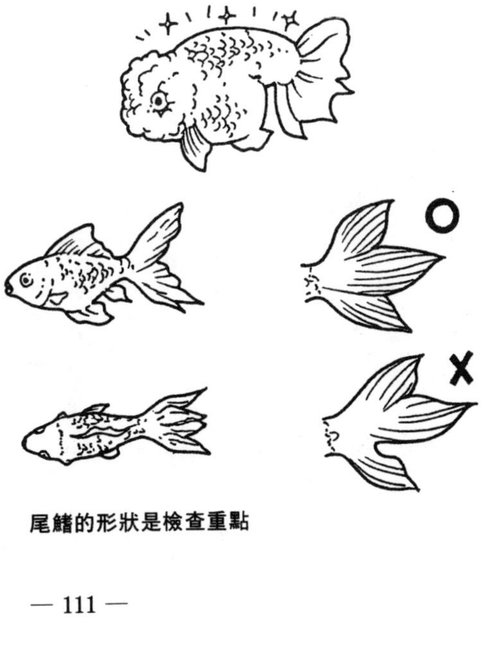

尾鰭的形狀是檢查重點

的魚都要留下。

第一次選別會淘汰整體的百分之二十至三十的魚。在白底的容器中進行，也要注意水質和水溫。

●第二次的檢查重點

第一次選別後過了十天，再進行第二次的挑選。這次以尾鰭的形狀為主。同樣是魚尾張開，但是如果分叉或殘破，或是左右不均勻的尾，都必須要去除。

被淘汰的魚是第一次選別後剩下的百分之二十或三十，因此，剩下的數目為最初的一半。

為了選別而讓稚魚從一個容器移到另一個容器時，必須要使使用小網，避免傷害魚體。

●第三次的檢查重點

在第二次選別後過了十天後進行。這時稚魚的體長有的已經長到三點五公分左右了。

第三次選別則要對於蘭鑄、江戶錦、朝天眼等沒有背鰭的品種，鑑別背部之美。以專家的嚴格鑑賞眼光來鑑賞，尤其像蘭鑄等恐怕只剩下幾條，其他全部都被去除了。

●第四次檢查重點

再過十天以後進行第四次的選別。這時體型的均勻與否，各鰭的狀態、張開的情形都非常明顯了。

透明鱗性的三色突眼金等，以體色的好壞為選別的基準。第四次被淘汰的為百分之十五，因此，只剩最初數目的百分之二到三十了。

●第五次檢查重點

第四次選別過了二十天以後，進行第五次選別。體色已非常清晰，要除去鯽魚色和白色的魚，其他的金魚則依其品種所特有的顏色加以挑選。還沒有褪色的魚要加以去除。

體色是以顏色的配置及花紋為基準，要留下優秀的魚。

尾鰭的姿態如何，游動時各鰭的姿態如何也要加以觀察。考慮今後的成長狀態，最後剩下百分之二十。

2 疾　病

疾病的預防

包括金魚在內，魚和其他動物相比，疾病的治療較為困難。此外，因疾病而死亡的原因大多是飼養者不注意所造成的。

因此，平常就要預防疾病，對於金魚而言非常重要。

為了金魚的健康管理及疾病的預防，日常生活的注意事項如下。

●充分供給氧

金魚居住的水槽或水池中的氧供給，是建立環境的基本問題。當水中持續缺氧時，金魚會變得沒有體力，而容易罹患疾病。同時，也可能因為缺氧而窒息死亡。因此，充分供給氧是預防的第一步。

●定期的藥浴

疾病的發生時期多為春季或秋季。在這個時期，有定期的市售藥劑，不要忘了實施定期藥浴。

不論是金魚或水草，只要是新放入水槽的場合，都要事先進行消毒，這也是預防的重要方法。

●保持適當水溫

變溫動物的金魚對於水溫的急速變化很難適應，因此易損害健康、罹患疾病。尤其是不能突然讓牠適應冰冷的水溫。飼養時要保持適當的水溫。

●飼養於能充分運動的寬廣水槽

運動不足也會導致疾病。如果金魚的數目對於水槽或水池來說太多的話，會成為運動不足的原因。應儘可能減少金魚數，在廣大的空間中飼養。

不要放入太多水草。

金魚數過多，也是水質惡化和氧缺乏的原因。

●給予適量的飼料

飼料給予過多會造成消化不良，而殘留在水中腐爛時，不僅會污染水質，同時也會產生病原性細菌，而對於受傷的金魚而言，是絕對禁止的。

給予適當的食餌，仔細處理。不要給與打擊

●仔細處理

進行水槽或水池清理時，要將金魚移到別的容器中。這時必須仔細謹慎地處理才行。避免用網子直接撈，最好準備其他的小容器，用網子將金魚趕到小容器中再將容器拿起來。如果必須用手處理時，用手放在金魚的腹部下方，好像將其包住般撈起。

●水草先消毒再放入水槽

自然採集的水草會有害蟲卵或病原菌附著，因此要先在其他水槽中生長一陣子後，再移入金魚所在的水槽中。移入水槽之前，一定要用稀釋的食鹽水消毒。

●新的金魚不可立刻和其他金魚放在一起

新的金魚不可立刻和其他金魚放在一起

，因為金魚大多有雜菌附著，這時在二公升內的水中滴入一滴甲基藍液（百分之五左右）。然後再將新的金魚放入消毒，再暫時放在其他容器中觀察，沒有異常時再放入。

●不要給予打擊

不要在水槽外拍打水槽，做出驚嚇金魚的行為。也要避免將金魚放在經常開關的門附近飼養。較大的聲音、振動或太亮的光對金魚而言，會造成打擊，會使其產生和人類神經衰弱般的症狀，結果會導致食慾不振或運動不足等。

早期發現法

為了防止金魚罹病，早期發現是最重要的。健康金魚的體色、動作等需平時多加觀察，以便掌握狀態。

如能了解何種狀態是健康狀態，那麼只要有一點變化立刻就能察覺到。如此一來也能迅速應對。

一旦發現異常時，要趕緊將金魚和水移到別的容器中。移到別的容器中的金魚要仔細觀察其體色、形狀、鱗片或鰭的狀態、鰓的顏色等，也要觀察是否出現斑點。自行進行治療或送往專門醫師處。

●檢查動作

首先觀察金魚的運動狀態，出現以下情形時必須要注意。

1.離開獨自游動，游動的動作也不活潑。

感覺不到游動金魚的生氣，或是縮著鰭

，或是離群，或是靜止不動時都要注意。

2.經常在水面附近張大嘴巴，做出抬鼻的動作。

如果重複出現比平常更快的呼吸或抬鼻的動作，可能是水中缺氧，但若是其他金魚無異常反應，只有一隻重複抬鼻，則這隻金魚可能生病了。

3.沒有食慾

如果氧的供給、水溫、水質等都沒有問題，但金魚食慾不振時，可能是身體出現了變異。

4.游動方式突然異常

以強烈姿勢游泳，身體好像在磨擦東西、身體側轉、好像要跳出水面等現象，都是身體異常的狀態。此外，身體如果小幅度顫抖或動作遲鈍時也要注意。

5.糞便異常

健康金魚的糞便是黑色長條，但如果出現白色糞便或未成長條相連，有可能是消化器官系統等異常。

6.對光或聲音的反應遲鈍

金魚原本會對外界的光或聲音敏感地反應，當反應遲鈍時，表示體調崩潰。

此外，身體各部位出現異常時，可能會出現下列情形。

1.體色不鮮艷。

2.魚鰭好像磨破似的只見到筋。

3.鰓發魚。

4.鱗片倒立。

5.體表出現白點。

6.黏膜異常分泌。

分辨運動狀態及身體各部份的異常，儘

早加以治療。早期發現才能早期治療，恢復健康。

動物寄生蟲引起的疾病

◆魚　蝨

這種寄生蟲會刺金魚的皮膚吸血，因此，被寄生部份的皮膚會發炎，用肉眼看一目了然。

發炎大多出現在體表或鰭的根部。寄生數目較多時，金魚的鱗片會脫落，並且會引起貧血症。重症時會死亡。

被魚蝨寄生的金魚會茫然地浮在水表面，或是游泳時身體經常磨擦水槽壁或水槽底，如此一來更會使皮膚受損，傷口可能會感染其他疾病。

魚蝨即使離開寄生的金魚體，也會附著於其他金魚，是壞寄生蟲，分類上屬於節足動物甲殼類中的鰓尾類。

直徑為二至五公釐，為圓形。屬於卵生動物。卵在五、六月時產下，但一年到頭都可看得到。

●治療法

魚蝨的危害在春夏之交以及秋天較多。如果寄生在金魚身上的數目較少，可用小鑷子去除。但是有時會弄傷金魚的身體，要用市售的藥劑進行藥浴。

進行藥浴時要將金魚移至別的容器中，大約每隔十天進行二、三次。此外，飼養用水槽也要充分洗淨，曬太陽使其乾燥。

預防法是在冬天時，倒出水池或水槽的水，讓容器曝曬日光。水池可利用石灰乳劑等消毒。

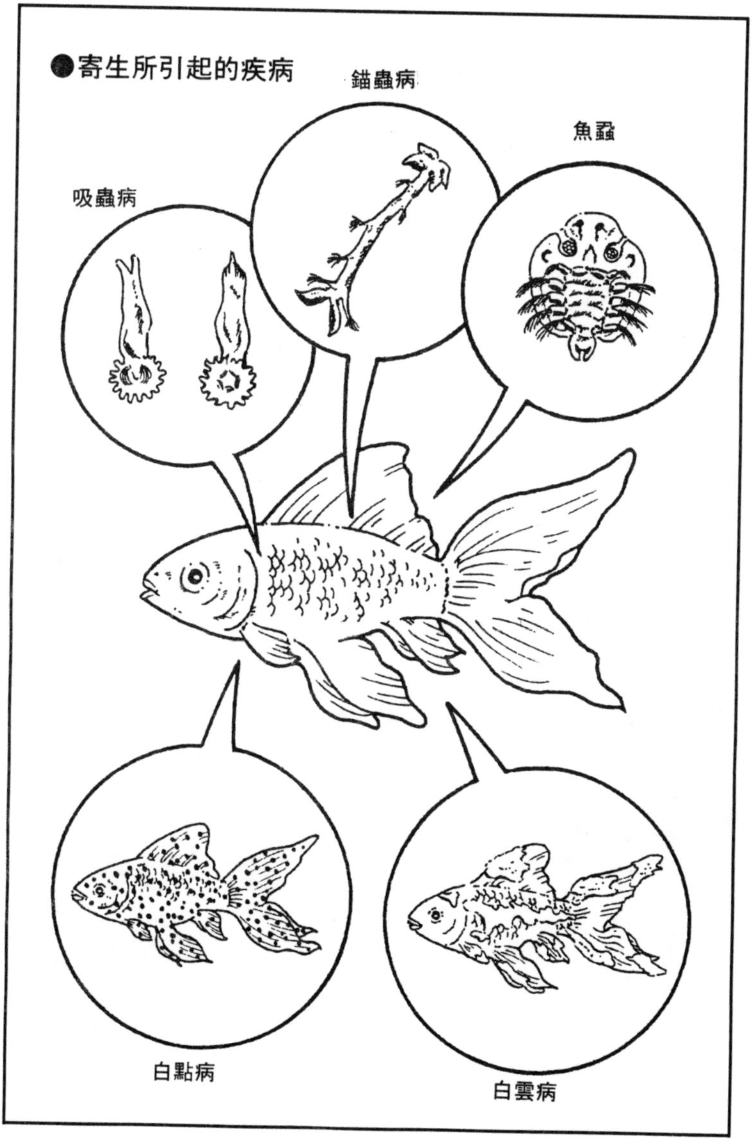
●寄生所引起的疾病
錨蟲病
魚蝨
吸蟲病
白點病
白雲病

◆錨蟲

寄生於口腔附近或皮膚，有時會形成腫瘤。當寄生數增多時，金魚食慾不振或體力衰減，有時會死亡。這類寄生蟲繁殖的溫度為二十度到三十度，一、二天就會孵化，五月至十月發情。

錨蟲和魚蝨同樣屬於甲殼類橈腳類的寄生蟲。體長七分釐、不會游動。好像頭部插入口腔附近或鱗片下方似地寄生吸血。

●治療法

用小鑷子去除或用市售藥劑進行傷口消毒。因為身體很大所以能夠輕易去除。但要注意頭部不可殘留在金魚體內。

預防法是冬天時把水池的水放乾，進行日光消毒，或是定期撒藥劑。

◆白點病

單細胞生物附著於金魚體表而發病的疾病。魚鰭會出現白點，最後整個體表都蓋滿白點。從食慾不振到缺乏元氣最後死亡。是金魚經常罹患的疾病，原因是水槽管理不良、水溫急速變化時，引起單細胞生物寄生而造成的。

此外在春天和秋天水溫較低的時期，也就是十四度到十七度時也會發生，包括梅雨季在內也必須注意。

●治療法

這種單細胞生物是採分裂增殖的方式繁殖，進行分裂增殖時會離開金魚，因此就是治療的時機。首先將生病的金魚移到水溫三十度的水槽中，然後將市售的藥劑放入水槽中，一直進行藥浴。寄生於魚體的單細胞生

平常就要多觀察金魚，以便早期發現疾病

物很難驅除，但是當它脫離金魚身體留在水中時，就能驅除。

預防法是避免水溫急速變化，尤其是春天和秋天時更要注意。水溫低的時期容易發生寄生，在這個時期要保持水的清潔、充分供給氧、不要給予過多的飼料。生病的金魚待過的水槽全部都要排水、用藥劑消毒並曝曬陽光。

◆白雲病

由於原生蟲類的寄生，使體表各處出現白濁點，而且會迅速擴張。寄生於鰓時，金魚會呼吸困難，白濁點覆蓋全身時，金魚會死亡。發病時期以春天和梅雨期較多，冬天有時也會發生。

原因是一種鞭毛蟲的寄生。白濁點則是

由於這種蟲的寄生而使金魚分泌黏膜而形成白濁點。

●**治療法**

病原蟲具有相當大的抵抗力，因此要進行幾次藥浴。使用食鹽非常有效，一公升水中放入二十公克的食鹽做成百分之二的食鹽水，將病魚放入食鹽水中，一天浸泡三十分鐘，持續三天。此外，利用福馬林液五百分之一水溶液進行藥浴也可以。進行藥浴時，水溫要保持二十五度。

◆**吸蟲病**

體表好像上一層淡黏膜似的，金魚會呼吸困難，甚至出現出血斑，魚鰭也受嚴重傷害。

其原因是扁形動物的吸蟲類寄生所造成的。

●**治療法**

讓病魚在二千分之一的氨水溶液中藥浴十五分鐘，一天進行一次，持續一週。

由植物寄生所造成的疾病

◆**水生菌病（水黴病）**

這是由於絲狀菌類水黴菌寄生所引起的疾病。在鰭的前端以及身體表面會出現長絲狀的黴菌。嚴重時金魚全身都會被綿狀的絲狀物覆蓋、身體的一部份為腐爛出血、筋肉露出、鰭會破裂。當然金魚會極端的衰弱。

主要原因是酸鹼值平衡崩潰。

●**治療法**

首先要用小鑷子去除黴菌，然後在一公升的水中滴五、六滴孔雀石綠原液（百分之

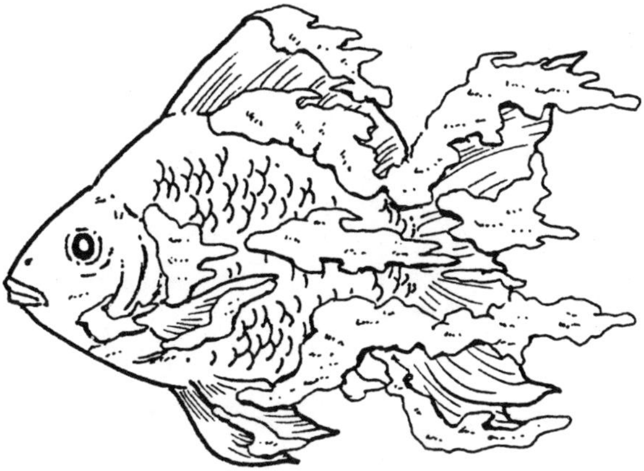

水生菌病（水黴病）
鰭的前端或體表覆蓋長絲狀的黴菌

毬果病（立鱗病）
腹部膨脹，鱗片倒立，好像毬果一般。

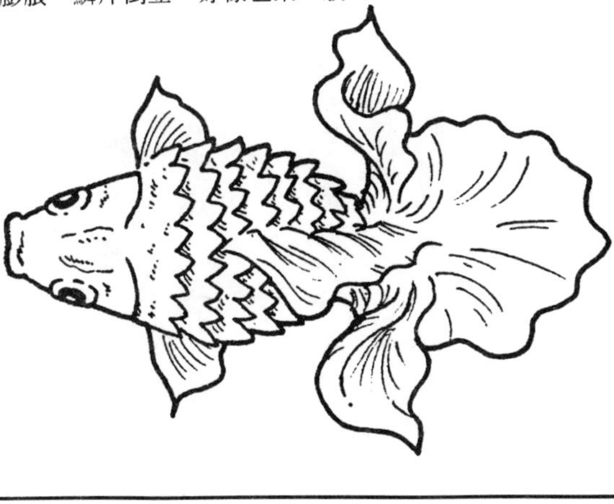

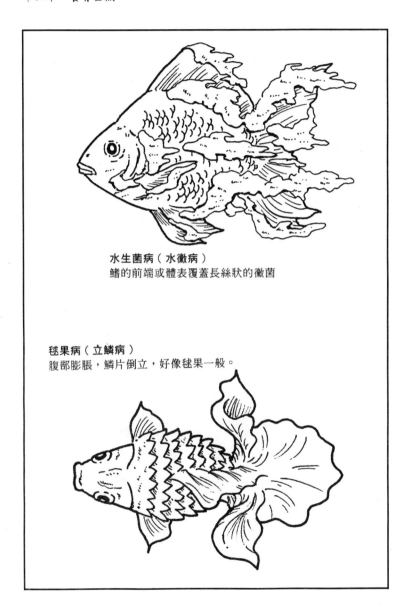

一），讓金魚在其中進行藥浴。

預防方面則必須注意酸鹼值的變化，像金屬生銹時可能會溶入水中，因此要保持水槽清潔。

水黴菌不會寄生在健康的金魚身上。所以最重要的預防方法就是不能讓金魚受傷。

◆立鱗病

出現鱗片豎立的症狀。一旦惡化時，鱗片會脫落、身體浮腫且出現異常的臭味。

起因於某種細菌的感染，但確實原因不明。

●治療法

將魚移到二十五度到三十度水溫較高的水槽中靜養，在這期間不要餵食，進行徹底消毒。特殊治療法則是進行冷水與食鹽水倒百分之二的交互水域，每隔五分鐘將金魚移到不同的容器中，重複幾次後再將金魚放回溫水中使其休息。通常很難治療，大多會死亡。

預防法是水槽和水池要進行清潔管理。

消化系統的疾病

◆腸炎

金魚稍微發黑，缺乏食慾，有時會抽筋，體力衰弱之後會死亡。

原因是腐爛的食餌或人工飼料給予太多所造成的消化不良所引起的。

●治療法

將病魚移到別的水槽中，暫時絕食觀察狀況。預防法是食餌要儘量以新鮮的為主，並且要好好地保存，避免腐爛。

◆便秘

金魚便秘的原因通常都是飼料給太多。便秘會引發其他的疾病，因此要注意。

健康金魚的狀況是肛門會拖著一條又黑又長的糞便游動，一旦便秘時就不會出現這種情形。

●治療法

將人工飼量更換為新鮮的食餌，先少量給與觀察狀況。非常衰弱的話可先讓金魚絕食。

預防方法則是要訂定計畫，給予營養均衡的食餌，不要給予太多人工飼料。

◆消化不良

金魚一旦消化不良時，就會缺乏食慾，口中會吹出泡泡。如果餵食的食餌殘留下來

大部份金魚便秘的原因是食餌給予太多，必須注意

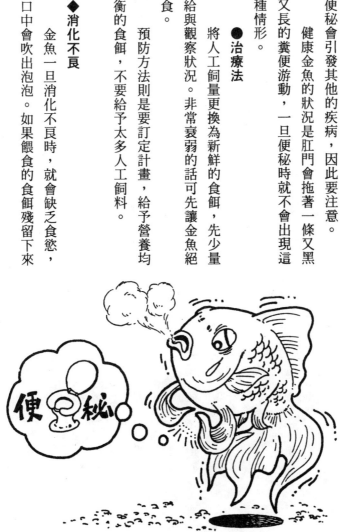

就必須注意了。

●**治療法**

一旦知道金魚消化不良時，就要將金魚放入水溫三十度的稀釋食鹽水中持續通氣。給予的食餌或人工飼料都要選擇容易消化的，平常就要餵食這類食物。

其他疾病

◆**魚鰾異常**

金魚如果突然想要跳出水面，或是看似要往前進卻突然停止的異常游動方式，就是魚鰾異常。這時金魚會缺乏食慾或停在水底不動。

大多是消化不良所引起的，所以餵食的方法才是主要問題。

●**治療法**

將金魚移到水溫三十度的食鹽水中，利用空氣幫浦輸送空氣，直到金魚產生食慾為止。

使用人工飼料的話，必須注意不可給予太多。

◆**感冒**

金魚的感冒症狀多出現於春天或晚秋等水溫不穩定的時期，或水溫出現急速變化時。

金魚一旦感冒時，表面會出現白濁。身體會出現顫動，動作也變得遲鈍。由於較難復原，易併發其他疾病。

●**治療法**

水溫漸漸上升到三十度，給予較有營養的食餌，二、三天內就能復原。

發現金魚的游動方式產生變化或沒有元氣時必須注意

◆精神打擊

金魚是比較敏感的魚。如果經常給予打擊，牠會常躲在陰暗處，游動時不平靜，缺乏食慾而變得衰弱。尤其是產卵前的雌魚更為敏感。

●治療法

水槽光線儘量暗些，或移動到安靜的場所。在水中溶入少量食鹽或硫酸鎂，觀察狀況，直到恢復食慾為止。食慾恢復以後，再將水槽漸漸移到光亮處。

◆眼球突出

眼球突出的病因不明。有人說是由細菌所引起，也有人說是受到打擊而引起的外傷。

●治療法

讓金魚在三十度左右稀釋的氨水中游泳。游動二、三小時，持續一週。

防止外傷造成的眼球突出，要避免給予強烈的打擊。水槽避免設置在經常開關的門附近，不要忘記水槽的正確管理。

◆爛尾病

最初是尾鰭前端泛白變色，魚鰭充血發紅。病情惡化時尾鰭會破裂，用手指按壓時會出血，只留下筋，為嚴重的疾病。病因為細菌寄生。不只是尾鰭，其他的鰭也會出現同樣的症狀。

●治療法

利用每一公升溶入五百單位盤尼西林的水進行藥浴。預防方法則是水質、水溫要進行充分管理。

◆爛鰓病

鰓蓋腫脹、呼吸困難。症狀惡化時，鰓蓋朝外翻或往上捲。鰓的顏色從普通的紅色變成略帶褐色。

病因是一種黏液細菌寄生在鰓所造成的。如果大量使用人工飼料時也會發生。

●治療法

讓金魚在含有二千分之一硫酸銅的溶液中藥浴二、三分鐘。預防方法是不要飼養太多金魚，並且要保持水的乾淨。

◇穿孔病

背鰭和尾鰭的底部附近潰爛，嚴重時會穿孔。原因不明。據說是由於外傷導致黴菌或細菌進入所引起的。

●治療法

症狀較輕時，讓金魚在百分之一、二的食鹽溶液中進行藥浴。預防法則是儘量避免造成金魚的外傷。飼養數則要保持適當。此外，也要好好進行水溫、水質的管理。

◇氣泡病

尾鰭和鰓好像有氣泡附著的狀態，腹部脹大，體表破裂。這是水中的氧和氮形成過飽和狀態時，金魚體內形成氣泡，在血管和組織中充滿氣泡所造成的。

●治療法

加入冷水，使水溫下降。水變綠時，容易引起因子，要注意換水。

第四章
水池飼養

1水池的製作

決定水池位置的重點

金魚分為從側面觀賞與從上方觀賞的品種。一般家庭於庭院內製作水池飼養金魚時，要選擇容易飼養的和金、朱文金和彗星等。

蘭鑄和江戶錦很難飼養，適合內行人飼養。

問題在於水池的位置。水池和水槽不同，不能移動。因此要慎重決定位置。決定水池位置的要點如下。

1.四季在上午都能充分曬到太陽的位置。

在東南方選擇沒有任何建築物或植物會擋住太陽光的位置。尤其在太陽較低的冬天也要曬到太陽的場所。

2.不會受到太陽西曬的位置。

要儘可能避免從正午開始的直射陽光。尤其西曬的場所並不好。在西側或北側興建建物或種植植物，就能避免夏日午後的強烈陽光。冬天也可以遮擋寒冷的北風。

3.排水方便處。

排水溝就在附近的話就沒什麼問題。建造水池時千萬別忽略了排水的問題。為淨化水池、保持水質穩定，當然需要排水。朝向排水溝有適當的坡度是最好的。如果沒有坡度，就要靠整地和壟土的方式來建造坡度。

4.給水方便處。

供給飼養時所需用水的場所，也是重點

之一。但是與排水條件相比，不算是大問題，只要有貯水的設備就不要緊了。

5.雨水和落葉不會進入的地方。

從水管滴下的雨水或樹木上滴下的水滴，可能會攜入有害物質而傷害了金魚。因此，水池的位置不能在這些地方。如果周圍植有樹木，不僅水滴無法進入水池中，樹木若離池過近，噴撒消毒劑時更有吹入池中的危險，必須注意。

建造池子時，應避免雨水輕易由庭院流入水池中，落葉容易進入的場所也應避免。

水池的形狀與大小

決定位置後，接下來要決定水池的形狀與大小。

大小方面，面積為一平方公尺到二平方公尺，最大的則是三平方公尺左右為最適合的觀賞用魚池。深度為三十公分到五十公分，邊緣高度為十公分，就能防止雨水侵入。

形狀方面正方形也不錯，但是考慮到管理，以長方形較好。縱橫的比例以一比二或二比三較為適當。

水池一旦建造後幾乎不可能再變更。因

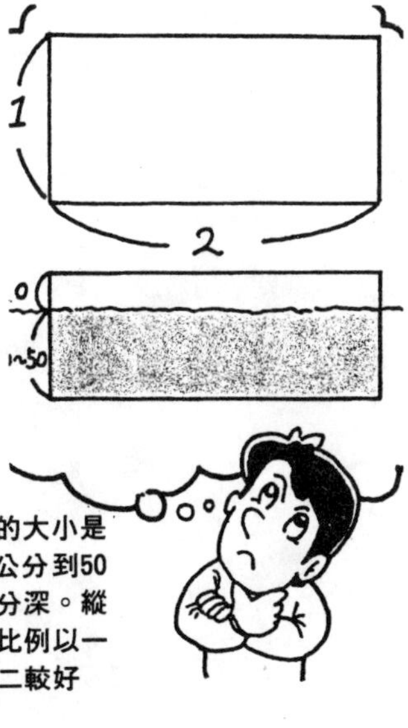

池的大小是30公分到50公分深。縱橫比例以一比二較好

此，在何處建造、水池的大小、形狀等如何，都必須仔細考慮後，才進行作業。

水池的構造

●水泥池

建造水池的場所、大小決定後，要開始製作了。不要忘記的是，為使水能向排水口聚集，因此水池底面要形成較緩的傾斜坡。

考慮傾斜坡問題而建造水池時，應挖掘一個較水池實際所需大小更大的洞。在排水口下方要挖直徑三十公分左右當成金魚塘的凹洞。排水時，水積存在凹洞中，金魚便能聚集於此。

其次在底部和側面要鋪五到十公分的小石子，利用較大的石子從上方敲打，使表面平坦。水池內面塗敷的水泥以水泥一、砂二、小石三的比例充分混合，用水泥的二分之一到三分之二分量的水調拌。

最初不懂得要領，就算麻煩也必須要使用水桶等工具正確地計畫。水泥的厚度為三公分到五公分即可。

塗抹時表面要平滑。

●作業的時期，完成後的注意點

使用水泥製作水池時，要避開冬天及梅雨季。長期下雨會使水泥不易凝固，冬天過冷則易使水泥出現裂縫。

敷水泥的作業完成後，到乾了為止，大約需要一週的時間。在這段時間，為避免強烈陽光或雨水，要用東西覆蓋保護。

水泥完全乾了之後，要去除灰份，因為水泥會形成鹼性物質，傷害金魚。

長方形水池較易管理，但不必太過在意

去除灰份的方法很多。首先是使用刷子，仔細刷洗水槽的內側。洗完後裝水放置二、三天，將水排掉，再洗一次，再裝水，擱置二、三天後排水，最後再清洗一次即告完成。

此外，也有使用藥品去除灰份的方法，就是用酸中和鹼。

方法是每一立方公尺的水中使用五百C的冰醋酸。當水注入水池之前，先將冰醋酸撒在水池的內側。然後裝水，擱置二、三天後排水並清洗乾淨，共進行二次。此外，也可使用市售的除灰份劑。

●灰份的確認

放入金魚前，必須先確認灰份是否已去除。

用石蕊試紙確認是否已經中和了。此外，也可放入鰹魚等觀察情形二、三天。

●利用水泥板的池子

市面上販賣一種叫做萬年塀的水泥板，可以用來當成四邊的牆壁，當成水池。

將四片組合，四角釘上木樁，再將四片組合板放在木樁上。深度只要水泥板在地面上五公分即可。必須先挖掘地面，在底面鋪小沙石，釘水泥板。

●塑膠池

市面上也有販賣當成水池的塑膠池。只要挖土埋入，非常簡單。

不埋入土中，直接放在庭院，也能當成飼養池使用。但考慮保溫的問題，最好埋入土中。

塑膠製品不易破裂或漏水，也不必去除灰份，管理起來較為輕鬆。

●木頭池

利用木頭當成四面池壁做成池子。與水泥板相比較易形成直角，不必釘木樁。但是，光用木頭較容易漏水，因此，最後修飾時一定要在內側塗水泥。

●水池的數目

如果只是要觀賞金魚，一個水池就夠了。如果要飼養稚魚，就要準備親魚用池和稚魚用池兩種池子。如果還有預備的貯水池，就能進行真正的飼養。如果從產卵開始飼養，最好準備四個池子。

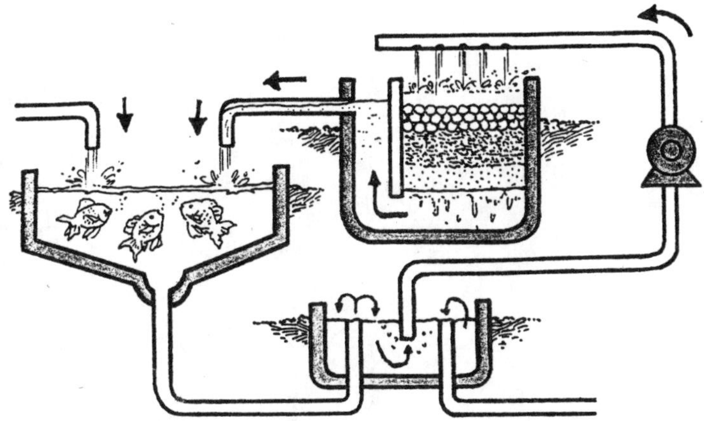

要經常循環新水不經濟，可使用使池水循環、補給氧同時過濾的裝置

●循環過濾裝置

與室內水槽的循環過濾裝置相比，當然是大工程，但是構造卻是相同的。如果持續保持水池中有新鮮的水，當然是不經濟的作法。要保持池水的循環、補給氧、同時進行過濾，就要利用循環過濾裝置。

將池中的污水經由底部的排水孔利用管子送入沈澱槽，將大型污垢沈澱之後，再利用喞筒將水送到過濾槽。水在此通過細菌繁殖的過濾材回到水池中。通過過濾材的水進入水池中後充滿空氣，就會含有很多的氧。

池水的四季管理法

●十二月、一月

天氣溫暖的時候，要去除水池的覆蓋物。從十點到正午時分，充分曬太陽。

這個時期金魚不活潑，會靜靜地沈在水底，不用換水，也不用餵食。讓牠靜靜地渡過冬天即可。

●二月、三月

這是讓金魚靜靜過冬的時期。到了三月，水溫上升，金魚會開始活動。

天氣晴朗的時候，要去除水池的覆蓋物。

稍微給予一點飼料。冬天時金魚幾乎什麼都不吃，因此，最好給予容易消化的新鮮食餌或用火煮熟的人工食餌。

到了三月末時，持續溫暖的日子出現。因此要除去覆蓋物、換水。長時間擱置的池水相當髒。換水時要注意水溫的急速變化。

如果想要飼養稚魚，從三月開始就要注意親魚的營養、避免運動不足。

●四、五月

春天是金魚生殖的時期。在這個時期，金魚出現旺盛的食慾。要充分設定餵食計畫。

●六月

最難飼養金魚的月份是六月。這時已進入梅雨期、水溫下降、池水容易骯髒又不能頻頻換水。在餵食方面也很難買到新鮮的食餌。

這時容易發生白點病。如果發生的話要趕緊處理，將病魚移到別的池中。

大量發生時，水池一定要消毒。

這個時期要防止雨水流入池內。給予的飼料也要加以限制，儘可能不要換水，要保持水溫。

●七、八月

強烈陽光會使植物性浮游生物大量增殖

，池水變綠。一個月要換水二、三次。

陽光強烈對金魚而言並不是很好，因此，最好將池子的一部分覆蓋住。尤其不能暴露在西曬的陽光中，到了晚上時，去除覆蓋物。要經常加水。

●九、十月

金魚食慾旺盛。要確保能給予豐盛的食餌。九月還很熱，在很熱的時候還是要蓋上覆蓋物。一個月換水一次即可。

●十一月

月末時進行最後一次換水，然後蓋上覆蓋物。

可用稻草或草席做為覆蓋物。將棒子橫跨水池上，再將覆蓋物放在棒子上。寒冷的地方一定要利用覆蓋物；比較溫暖的地方則有時可去除覆蓋物，使用起來非常方便。

可利用稻草或草席做為覆蓋物

2 水池飼養的注意事項

標準飼養數

一個水池中到底能飼養多少金魚呢?金魚數因金魚大小而異。

一般而言，面積一平方公尺，深度三十公分的水池，金魚大小為二公分以下的話可以養七十條，如果三公分可以養五十條、四公分可以養三十五條、五公分可以養二十五條、六公分可以養十五條、七公分可以養八條、八公分可以養六條、九公分可以養五條、十公分可以養三條。

以這些數字為參考，決定到底要飼養幾條，不要過多也不要太少。

注意外敵

利用水槽飼養時，只要多加注意，就可以防止外敵侵入。

但是，利用屋外的水池飼養時，外敵容易侵入。

貓、老鼠等容易侵入，攻擊金魚。對策是在池邊張設鐵絲網，防止外敵進入池中。

由空中侵入的鳥或是自然由外部侵入池中的水中昆蟲等也要注意。

水池深度為四十公分至五十公分的話，要徹底消毒。

在池中飼養金魚時，必須注意貓、老鼠等外敵

餵食的方法

和水槽飼養的情形完全相同。但是因為水池在屋外，因此，水溫到傍晚時會突然下降。除了夏天以外，最好在上午餵食，或是午後到三點為止，也可以餵食，一天餵食一、二次。

換水

如果水非常髒或是有污物積存，金魚一直做出抬鼻的動作時，就要換水了。

將金魚由池中移至容器內，將水排除，趕緊用刷子清洗池的內側後，重新放入水，再放入金魚。這時要注意，容器內的水和池中的水不能有溫差。

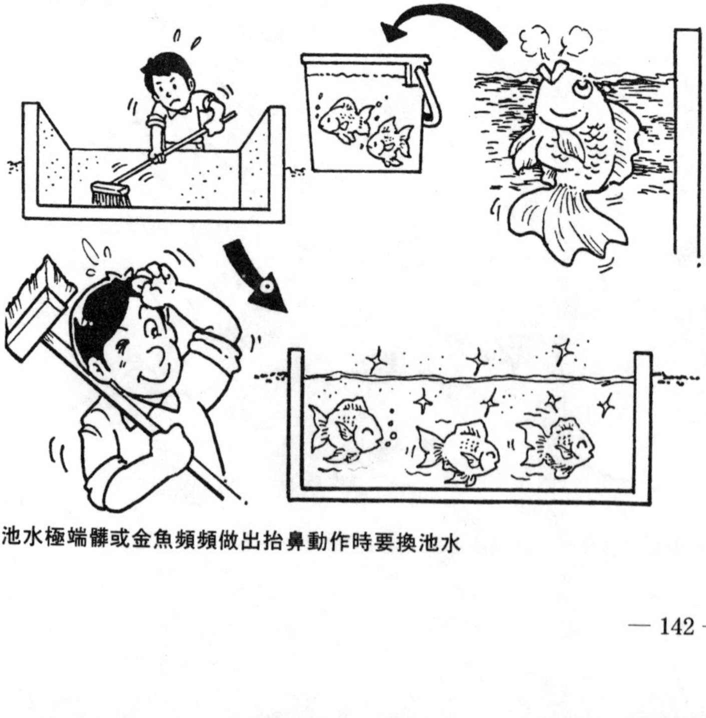

池水極端髒或金魚頻頻做出抬鼻動作時要換池水

第五章
蘭鑄的飼養方法

蘭鑄具有豪華的姿態，被稱為「金魚之王」。

蘭鑄為金魚之一，飼養方法和其他金魚當然是相同的。

但是，飼養蘭鑄和飼養其他金魚相比，顯得非常困難。但相反地，也能一直培育出優良的品種。

蘭鑄是經由人工改良而成的品種。正因為是不斷改良的金魚，雖然對環境的適應力較弱。但只要多加努力，依然可培養出非常優秀的蘭鑄。

蘭鑄屬於「從上方觀賞魚」，因此，和養在室內水槽相比，將蘭鑄飼養在室外的水池中更能欣賞其美姿。

但是，屋外的水池容易受到自然環境的影響。

1 飼養的環境

水池

飼養蘭鑄時，必須建造容易管理的水池。四方形池較易管理，適合用來飼養蘭鑄。一般而言，標準尺寸為三・三平方公尺。

飼養親魚的池可稍微大些，但金魚還小時，魚池太大可能較不易掌握金魚的狀態。

為避免夏季時水溫上升，池的深度最好在三十公分以上。

最少需要三到四個水池。如果是小池可造四個，大池則建造三個。

建造三個水池的話，二個可用來飼養蘭鑄，另一個用來貯存換水時的新水。

●蘭鑄池

和其他金魚一樣，蘭鑄池也是用水泥建造的。因為需要幾個池子，因此可嚐試設備簡單的池子。

大盆子或小孩用的游泳池等可用來做為貯水池。市售的塑膠製池子也可用來飼養蘭鑄。和飼養其他金魚一樣，將塑膠池埋入水中，可減少水溫的變化。也可以放在屋頂上或陽台上，但為了避免水溫急速變化，必須在塑膠池周圍舖設隔熱材。

若未將魚池埋入水中，必須配合季節的變化，將魚池移到日照良好的場所，不會西曬的場所或通風良好的場所。使用兒童游泳池飼養的話，移動時非常方便。

塑膠池的形狀和大小齊全。可配合個人預算和場地大小加以選購。

●設置池的場所的條件

設置水池的場所當然要選擇日照良好的場所。飼養蘭鑄時，青水（植物性浮游生物）是不可或缺的，缺乏日光便無法繁殖。水溫上上下下的環境，對於無法抵擋溫度變化的蘭鑄而言並不適合。

通風也是重要因素。如果通風不佳，繁殖浮游生物的水質會惡化。到了夏天的梅雨期，水溫上升會造成水質惡化，必須注意。

另一方面，冬季時必須注意北風，應選擇能遮擋北風的場所或設有防風設施的場所。

關於注排水的問題，和其他金魚的設施一樣，一定要確保注排水口。

建造水池及去除池中灰份的方法和前述方法相同。

好水的製造法

經常有人說：「飼養蘭鑄必須要先製造水。」是否能製造出適合蘭鑄的水，是飼養蘭鑄的重點。

蘭鑄不喜歡清澄乾淨的水，而喜歡適度的青水。這種水的管理非常困難，一旦搞錯就會使水質惡化，即使飼養蘭鑄，也無法得到好的結果。

飼養蘭鑄的基礎便是建造狀態艮好的青水，並加以維持。

青水就是指繁殖植物性浮游生物的水。其中含有豐富的維他命、蛋白質、礦物質等營養素的植物性浮游生物，可作為蘭鑄的食餌。

因為是植物性浮游生物，所以會在水中吸收二氧化碳進行光合作用，並供給氧。藉此也可避免水溫的急速變化。

飼養水經過一段時間後，綠液會增加。水溫上升時，綠色會變深。但是，過綠的青水則是水質惡化的青水。

植物性浮游生物當水溫上升時，會一氣呵成，不斷地繁殖。這時蘭鑄的排泄物或是吃剩的食餌等就會發酵、分解。原本為蘭鑄同志的青水如果增加過多時，就會使環境平衡失調而變成蘭鑄的敵人。

水質惡化時會引發疾病。平衡失調的青水會產生氣泡，而變成青澄色。這就不是適合金魚生活的環境了。

維持會因氣溫的變化和金魚的狀態而變化的青水，才是飼養蘭鑄的重點。

●換水的方法

當水質惡化時再換水已經太遲了。相反地，若過於頻繁換水，對適應環境力弱的蘭鑄而言，也是一大負擔。因此，要儘量減少換水的次數。

每天確認青水的狀態，判斷該換水的時機，這一點非常重要。

標準則是，水深二十公分的池，能夠稍微看見底部，就是青水的界限了。顏色如果再深，表示水質已經惡化了，要換水必須趁水質好的時候進行。

換水的時機要選擇天氣好、溫度變化小的晴天的上午進行，以三到五天的間隔進行一次。如果將蘭鑄突然移到只有新水的池中，蘭鑄會受到打擊。要將新水加入狀況好的青水中，進行換水。

新水要使用事先汲取、擱置二、三天的自來水。因此，要準備換水專用的池子或大桶子等容器裝水。

●青水和水的比例

青水和水的比例因季節而異。

氣溫為攝化二十度左右的春天青水和新水各半；梅雨時期青水的比例減為三分之一到四分之一；盛夏時期，飼養水中只要加入一成青水就可以了。

加入水時，必須注意溫度的變化。

為了維持青水的良好狀態，應考慮飼養的蘭鑄數目

飼養的數目

為了維持青水的良好狀態，必須要考慮水池中的蘭鑄數目。

如果青水出乎意料的青，則可能不僅是水溫、食餌、排泄物所造成的，也可能是由於飼養的蘭鑄數目過多，造成水質惡化。

水溫上升時，蘭鑄的活動量增加，同時食量和排泄物也增加，水中氧的消耗量也會增加。

那麼，三・三平方公尺的水池可以飼養幾條蘭鑄呢？

當年春天所孵化的稚魚，如果如小指頭般大小，可飼養五十隻以內，隨著蘭鑄漸漸長大，池中的蘭鑄數目要漸漸減少。一個池子中的成魚只限五隻。

餵食的方法

不要給予過多食餌。當水溫升高時，蘭鑄的活動量增加、食慾增加、排泄物也會增加。食餌給予過多時，食餌的殘留量也會增加，造成水在短時間內就會腐爛。

食餌給予量每天約為蘭鑄體重的百分之一較為理想。每次的給予量要全部吃完，而且大約在十分鐘內就能全部吃光，一天大約餵食五到七次。依季節不同量也不同。梅雨季時不要給予太多；梅雨初晴後，是蘭鑄的成長時期，要多給予一些。

食餌方面以給予布拉因蝦、浮塵子、紅蟲等生的食餌較好。這些食餌含有豐富的蛋白質，營養價較高，對於正在發育的稚魚而言是不可或缺的。就算吃剩的食餌，也是生

一天給予的食餌以體重的百分之一較為理想

物，不會腐爛而使水質惡化。人工飼料每次的餵食量要減少，多餵食幾次。

2 繁殖的重點

蘭鑄的繁殖

繁殖蘭鑄最重要的要點，就是要選定親魚。繁殖所用的親魚必須在前幾年或前一年就先準備。首先要準備擁有正確系統的好稚魚來飼養。在產卵時就算想要購買恐怕也很難買到，而且價格非常昂貴。

金魚的二歲魚相當於人類的十六歲。三歲相當於二十四歲，四歲魚則相當於三十歲。年輕時的繁殖由於卵數、大小都不夠，因此孵化率低，且極可能造成畸型魚。此外，親魚的體力消耗激烈，有時無法好好地繁殖。因此，不論雄魚或雌魚，都要選擇三歲以上的魚當為親魚。

●產卵的準備

到秋天時，雌魚體已經準備好要產卵了。繁殖要從前一年的秋天開始。秋天時，雌魚的運動和食餌的管理必須好好地進行。

冬天不要餵食。

到春天時，蘭鑄從冬眠中清醒，雄魚會開始追雌魚。如果放任不管，會造成體力消耗，因此，雄魚和雌魚要放在不同的池中飼養。

在此之前很難分辨雄雌魚。到四月時，雄魚的鰓蓋到胸鰭會出現一些小突起，就是

「追星」；而雌魚腹部柔軟膨脹，這就是產卵準備終了的象徵。

特別分開以後，控制餵食量。避免換水，在青水中以不超過二十度的溫度飼養。

雌魚在產卵預定日的四天前開始慢慢地餵食，但是在前一天或當天不要餵食。蘭鑄的繁殖期是從四月下旬到五月下旬。

●產卵池的準備

準備產卵池。產卵槽要使用狐尾藻等水草。池水只能使用事先汲取擱置一旁的新水。

產卵和其他種類的金魚一樣，是以雌一對雄二的比例進行。

在產卵方面，和其他金魚並無不同。產卵後，再次將雄魚與雌魚放進不同的池中，

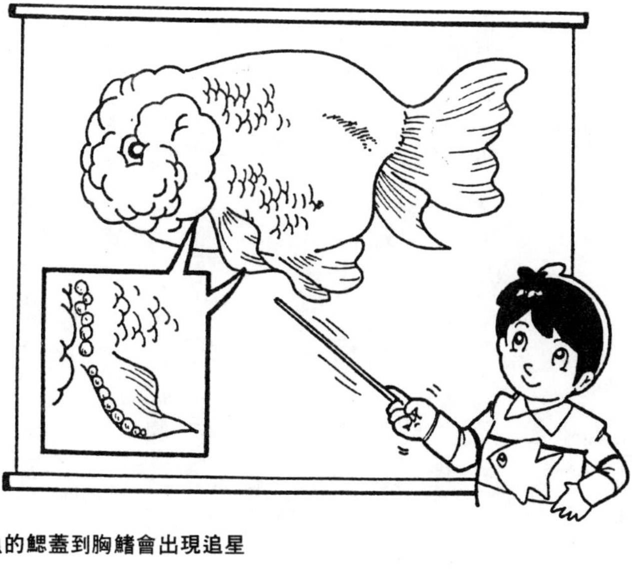

雄魚的鰓蓋到胸鰭會出現追星

讓其休息。

產卵池要覆蓋物品，避免水溫變化。保持二十度的水溫，在四到六天內孵化。

金魚的壽命

很多人認為金魚是短命的動物，這是因為金魚長得很小，由於這種先入為主的觀念，才會造成這種想法。事實上，金魚是長生的魚。

根據金魚壽命記錄調查，日本大和郡山城趾的柳澤文庫中記載，柳澤家所飼養的金魚標本中有二隻二十二歲魚，除此之外，東京的金魚店也有飼養二十五歲金魚的記錄。英國的水族館也有飼養三十歲金魚的記錄。

由這些事實得知，金魚絕非短命的動物。一般家庭中飼養的金魚，因飼養環境不同，能養七、八年，至多十年。

◇年齡的調查方式

金魚的年齡大小是可以判斷的。但成長會因餵食和環境而有所差異，同時，就算超過四、五歲時也不會很大，因此較難判斷。

欲知金魚的年齡，要觀察金魚的魚鱗及耳石。正如樹木的年輪一樣，金魚的魚鱗及耳石每一年都有成長的痕跡。冬季成長衰退時，成長線較密，藉此就可以知道度過了幾個冬天，而推算出年齡了。

◇金魚的性格不同

金魚是由人所飼養的魚，因此被認為是喪失野性鬥爭本能的魚。的確具有優雅溫和的性格，因此容易飼養。但是在孵化後一個月內，食餌不足時，開始爭食，就會出現野生時代生存競爭的鬪爭心。

仍為稚魚時，如果不進行大小、強弱的區分，好的金魚可能會被淘汰掉。

隨著成長，會出現與人親近的性格。當看到人影或聽到腳步聲時，就會聚集過來，同時也會記住飼主的性格。因此在餵食時，一邊說話一邊進行，金魚也會和你親近。相反地，粗魯對待金魚的飼主，金魚會對他抱持警戒心。

金魚對飼主的識別能力到何種程度不得而知。但金魚的確可以識別飼主的心情。據說飼養時飼主的心情確實會影響金魚。

有的金魚具有如人類般的性格。有的金魚溫馴，有的金魚很聰明，有的溫柔，有的略帶神經質。這些性格不僅來自遺傳的要素，也受到飼養環境的影響。

◇飼養方式不同，成長也會產生差距

以體格而言，沒有比金魚更容易受到飼育條件影響，而造成成長差距的魚類了。同一親魚所繁殖的稚魚，因飼養方法不同，大小會產生很大的差距。如果積極地利用這項特性，就可以飼養出自己喜歡的大小，享受觀賞之樂。

影響金魚成長的飼養條件有三項。第一就是飼養池的尺寸；第二項是飼養的數目；最後一項則是給予食餌的量與質。

如果想要飼養較大的金魚，則必須在較大的環境中，減少飼養數，同時要以天然食物為主多給予一些食餌。

大展出版社有限公司 圖書目錄

地址：台北市北投區11204
致遠一路二段12巷1號
郵撥： 0166955～1

電話：(02) 8236031
8236033
傳眞：(02) 8272069

・法律專欄連載・電腦編號 58

台大法學院 法律學系／策劃
法律服務社／編著

①別讓您的權利睡著了[1]	200元
②別讓您的權利睡著了[2]	200元

・秘傳占卜系列・電腦編號 14

①手相術	淺野八郎著	150元
②人相術	淺野八郎著	150元
③西洋占星術	淺野八郎著	150元
④中國神奇占卜	淺野八郎著	150元
⑤夢判斷	淺野八郎著	150元
⑥前世、來世占卜	淺野八郎著	150元
⑦法國式血型學	淺野八郎著	150元
⑧靈感、符咒學	淺野八郎著	150元
⑨紙牌占卜學	淺野八郎著	150元
⑩ＥＳＰ超能力占卜	淺野八郎著	150元
⑪猶太數的秘術	淺野八郎著	150元
⑫新心理測驗	淺野八郎著	160元

・趣味心理講座・電腦編號 15

①性格測驗１	探索男與女	淺野八郎著	140元
②性格測驗２	透視人心奧秘	淺野八郎著	140元
③性格測驗３	發現陌生的自己	淺野八郎著	140元
④性格測驗４	發現你的真面目	淺野八郎著	140元
⑤性格測驗５	讓你們吃驚	淺野八郎著	140元
⑥性格測驗６	洞穿心理盲點	淺野八郎著	140元
⑦性格測驗７	探索對方心理	淺野八郎著	140元
⑧性格測驗８	由吃認識自己	淺野八郎著	140元
⑨性格測驗９	戀愛知多少	淺野八郎著	160元

⑩性格測驗10　由裝扮瞭解人心	淺野八郎著	140元
⑪性格測驗11　敲開內心玄機	淺野八郎著	140元
⑫性格測驗12　透視你的未來	淺野八郎著	140元
⑬血型與你的一生	淺野八郎著	160元
⑭趣味推理遊戲	淺野八郎著	160元
⑮行爲語言解析	淺野八郎著	160元

・婦 幼 天 地・電腦編號 16

①八萬人減肥成果	黃靜香譯	180元
②三分鐘減肥體操	楊鴻儒譯	150元
③窈窕淑女美髮秘訣	柯素娥譯	130元
④使妳更迷人	成　玉譯	130元
⑤女性的更年期	官舒姸編譯	160元
⑥胎內育兒法	李玉瓊編譯	150元
⑦早產兒袋鼠式護理	唐岱蘭譯	200元
⑧初次懷孕與生產	婦幼天地編譯組	180元
⑨初次育兒12個月	婦幼天地編譯組	180元
⑩斷乳食與幼兒食	婦幼天地編譯組	180元
⑪培養幼兒能力與性向	婦幼天地編譯組	180元
⑫培養幼兒創造力的玩具與遊戲	婦幼天地編譯組	180元
⑬幼兒的症狀與疾病	婦幼天地編譯組	180元
⑭腿部苗條健美法	婦幼天地編譯組	180元
⑮女性腰痛別忽視	婦幼天地編譯組	150元
⑯舒展身心體操術	李玉瓊編譯	130元
⑰三分鐘臉部體操	趙薇妮著	160元
⑱生動的笑容表情術	趙薇妮著	160元
⑲心曠神怡減肥法	川津祐介著	130元
⑳內衣使妳更美麗	陳玄茹譯	130元
㉑瑜伽美姿美容	黃靜香編著	150元
㉒高雅女性裝扮學	陳珮玲譯	180元
㉓蠶糞肌膚美顏法	坂梨秀子著	160元
㉔認識妳的身體	李玉瓊譯	160元
㉕產後恢復苗條體態	居理安・芙萊喬著	200元
㉖正確護髮美容法	山崎伊久江著	180元
㉗安琪拉美姿養生學	安琪拉蘭斯博瑞著	180元
㉘女體性醫學剖析	增田豐著	220元
㉙懷孕與生產剖析	岡部綾子著	180元
㉚斷奶後的健康育兒	東城百合子著	220元
㉛引出孩子幹勁的責罵藝術	多湖輝著	170元
㉜培養孩子獨立的藝術	多湖輝著	170元

㉝子宮肌瘤與卵巢囊腫	陳秀琳編著	180元
㉞下半身減肥法	納他夏・史達賓著	180元
㉟女性自然美容法	吳雅菁編著	180元
㊱再也不發胖	池園悅太郎著	170元
㊲生男生女控制術	中垣勝裕著	220元
㊳使妳的肌膚更亮麗	楊　皓編著	170元

・青春天地・電腦編號 17

①A血型與星座	柯素娥編譯	120元
②B血型與星座	柯素娥編譯	120元
③O血型與星座	柯素娥編譯	120元
④AB血型與星座	柯素娥編譯	120元
⑤青春期性教室	呂貴嵐編譯	130元
⑥事半功倍讀書法	王毅希編譯	150元
⑦難解數學破題	宋釗宜編譯	130元
⑧速算解題技巧	宋釗宜編譯	130元
⑨小論文寫作秘訣	林顯茂編譯	120元
⑪中學生野外遊戲	熊谷康編著	120元
⑫恐怖極短篇	柯素娥編譯	130元
⑬恐怖夜話	小毛驢編譯	130元
⑭恐怖幽默短篇	小毛驢編譯	120元
⑮黑色幽默短篇	小毛驢編譯	120元
⑯靈異怪談	小毛驢編譯	130元
⑰錯覺遊戲	小毛驢編譯	130元
⑱整人遊戲	小毛驢編著	150元
⑲有趣的超常識	柯素娥編譯	130元
⑳哦！原來如此	林慶旺編譯	130元
㉑趣味競賽100種	劉名揚編譯	120元
㉒數學謎題入門	宋釗宜編譯	150元
㉓數學謎題解析	宋釗宜編譯	150元
㉔透視男女心理	林慶旺編譯	120元
㉕少女情懷的自白	李桂蘭編譯	120元
㉖由兄弟姊妹看命運	李玉瓊編譯	130元
㉗趣味的科學魔術	林慶旺編譯	150元
㉘趣味的心理實驗室	李燕玲編譯	150元
㉙愛與性心理測驗	小毛驢編譯	130元
㉚刑案推理解謎	小毛驢編譯	130元
㉛偵探常識推理	小毛驢編譯	130元
㉜偵探常識解謎	小毛驢編譯	130元
㉝偵探推理遊戲	小毛驢編譯	130元

㉞趣味的超魔術	廖玉山編著	150元
㉟趣味的珍奇發明	柯素娥編著	150元
㊱登山用具與技巧	陳瑞菊編著	150元

•健康天地•電腦編號18

①壓力的預防與治療	柯素娥編譯	130元
②超科學氣的魔力	柯素娥編譯	130元
③尿療法治病的神奇	中尾良一著	130元
④鐵證如山的尿療法奇蹟	廖玉山譯	120元
⑤一日斷食健康法	葉慈容編譯	150元
⑥胃部強健法	陳炳崑譯	120元
⑦癌症早期檢查法	廖松濤譯	160元
⑧老人痴呆症防止法	柯素娥編譯	130元
⑨松葉汁健康飲料	陳麗芬編譯	130元
⑩揉肚臍健康法	永井秋夫著	150元
⑪過勞死、猝死的預防	卓秀貞編譯	130元
⑫高血壓治療與飲食	藤山順豐著	150元
⑬老人看護指南	柯素娥編譯	150元
⑭美容外科淺談	楊啟宏著	150元
⑮美容外科新境界	楊啟宏著	150元
⑯鹽是天然的醫生	西英司郎著	140元
⑰年輕十歲不是夢	梁瑞麟譯	200元
⑱茶料理治百病	桑野和民著	180元
⑲綠茶治病寶典	桑野和民著	150元
⑳杜仲茶養顏減肥法	西田博著	150元
㉑蜂膠驚人療效	瀨長良三郎著	150元
㉒蜂膠治百病	瀨長良三郎著	180元
㉓醫藥與生活	鄭炳全著	180元
㉔鈣長生寶典	落合敏著	180元
㉕大蒜長生寶典	木下繁太郎著	160元
㉖居家自我健康檢查	石川恭三著	160元
㉗永恒的健康人生	李秀鈴譯	200元
㉘大豆卵磷脂長生寶典	劉雪卿譯	150元
㉙芳香療法	梁艾琳譯	160元
㉚醋長生寶典	柯素娥譯	180元
㉛從星座透視健康	席拉•吉蒂斯著	180元
㉜愉悅自在保健學	野本二士夫著	160元
㉝裸睡健康法	丸山淳士等著	160元
㉞糖尿病預防與治療	藤田順豐著	180元
㉟維他命長生寶典	菅原明子著	180元

㊱維他命C新效果	鐘文訓編	150元
㊲手、腳病理按摩	堤芳朗著	160元
㊳AIDS瞭解與預防	彼得塔歇爾著	180元
㊴甲殼質殼聚糖健康法	沈永嘉譯	160元
㊵神經痛預防與治療	木下眞男著	160元
㊶室內身體鍛鍊法	陳炳崑編著	160元
㊷吃出健康藥膳	劉大器編著	180元
㊸自我指壓術	蘇燕謀編著	160元
㊹紅蘿蔔汁斷食療法	李玉瓊編著	150元
㊺洗心術健康秘法	竺翠萍編譯	170元
㊻枇杷葉健康療法	柯素娥編譯	180元
㊼抗衰血癒	楊啟宏著	180元
㊽與癌搏鬥記	逸見政孝著	180元
㊾冬蟲夏草長生寶典	高橋義博著	170元
㊿痔瘡・大腸疾病先端療法	宮島伸宜著	180元
51膠布治癒頑固慢性病	加瀨建造著	180元
52芝麻神奇健康法	小林貞作著	170元
53香煙能防止癡呆？	高田明和著	180元
54穀菜食治癌療法	佐藤成志著	180元
55貼藥健康法	松原英多著	180元
56克服癌症調和道呼吸法	帶津良一著	180元
57Ｂ型肝炎預防與治療	野村喜重郎著	180元
58青春永駐養生導引術	早島正雄著	180元
59改變呼吸法創造健康	原久子著	180元
60荷爾蒙平衡養生秘訣	出村博著	180元
61水美肌健康法	井戶勝富著	170元
62認識食物掌握健康	廖梅珠編著	170元
63痛風劇痛消除法	鈴木吉彥著	180元
64酸莖菌驚人療效	上田明彥著	180元
65大豆卵磷脂治現代病	神津健一著	200元
66時辰療法——危險時刻凌晨4時	呂建強等著	元
67自然治癒力提升法	帶津良一著	元
68巧妙的氣保健法	藤平墨子著	元

・實用女性學講座・電腦編號 19

①解讀女性內心世界	島田一男著	150元
②塑造成熟的女性	島田一男著	150元
③女性整體裝扮學	黃靜香編著	180元
④女性應對禮儀	黃靜香編著	180元

・校 園 系 列・電腦編號20

①讀書集中術	多湖輝著	150元
②應考的訣竅	多湖輝著	150元
③輕鬆讀書贏得聯考	多湖輝著	150元
④讀書記憶秘訣	多湖輝著	150元
⑤視力恢復！超速讀術	江錦雲譯	180元
⑥讀書36計	黃柏松編著	180元
⑦驚人的速讀術	鐘文訓編著	170元
⑧學生課業輔導良方	多湖輝著	170元

・實用心理學講座・電腦編號21

①拆穿欺騙伎倆	多湖輝著	140元
②創造好構想	多湖輝著	140元
③面對面心理術	多湖輝著	160元
④偽裝心理術	多湖輝著	140元
⑤透視人性弱點	多湖輝著	140元
⑥自我表現術	多湖輝著	150元
⑦不可思議的人性心理	多湖輝著	150元
⑧催眠術入門	多湖輝著	150元
⑨責罵部屬的藝術	多湖輝著	150元
⑩精神力	多湖輝著	150元
⑪厚黑說服術	多湖輝著	150元
⑫集中力	多湖輝著	150元
⑬構想力	多湖輝著	150元
⑭深層心理術	多湖輝著	160元
⑮深層語言術	多湖輝著	160元
⑯深層說服術	多湖輝著	180元
⑰掌握潛在心理	多湖輝著	160元
⑱洞悉心理陷阱	多湖輝著	180元
⑲解讀金錢心理	多湖輝著	180元
⑳拆穿語言圈套	多湖輝著	180元
㉑語言的心理戰	多湖輝著	180元

・超現實心理講座・電腦編號22

①超意識覺醒法	詹蔚芬編譯	130元
②護摩秘法與人生	劉名揚編譯	130元
③秘法！超級仙術入門	陸　明譯	150元

④給地球人的訊息	柯素娥編著	150元
⑤密教的神通力	劉名揚編著	130元
⑥神秘奇妙的世界	平川陽一著	180元
⑦地球文明的超革命	吳秋嬌譯	200元
⑧力量石的秘密	吳秋嬌譯	180元
⑨超能力的靈異世界	馬小莉譯	200元
⑩逃離地球毀滅的命運	吳秋嬌譯	200元
⑪宇宙與地球終結之謎	南山宏著	200元
⑫驚世奇功揭秘	傅起鳳著	200元
⑬啟發身心潛力心象訓練法	栗田昌裕著	180元
⑭仙道術遁甲法	高藤聰一郎著	220元
⑮神通力的秘密	中岡俊哉著	180元
⑯仙人成仙術	高藤聰一郎著	200元
⑰仙道符咒氣功法	高藤聰一郎著	220元
⑱仙道風水術尋龍法	高藤聰一郎著	200元
⑲仙道奇蹟超幻像	高藤聰一郎著	200元
⑳仙道鍊金術房中法	高藤聰一郎著	200元

·養 生 保 健· 電腦編號 23

①醫療養生氣功	黃孝寛著	250元
②中國氣功圖譜	余功保著	230元
③少林醫療氣功精粹	井玉蘭著	250元
④龍形實用氣功	吳大才等著	220元
⑤魚戲增視強身氣功	宮　嬰著	220元
⑥嚴新氣功	前新培金著	250元
⑦道家玄牝氣功	張　章著	200元
⑧仙家秘傳袪病功	李遠國著	160元
⑨少林十大健身功	秦慶豐著	180元
⑩中國自控氣功	張明武著	250元
⑪醫療防癌氣功	黃孝寛著	250元
⑫醫療強身氣功	黃孝寛著	250元
⑬醫療點穴氣功	黃孝寛著	250元
⑭中國八卦如意功	趙維漢著	180元
⑮正宗馬禮堂養氣功	馬禮堂著	420元
⑯秘傳道家筋經內丹功	王慶餘著	280元
⑰三元開慧功	辛桂林著	250元
⑱防癌治癌新氣功	郭　林著	180元
⑲禪定與佛家氣功修煉	劉天君著	200元
⑳顛倒之術	梅自強著	360元
㉑簡明氣功辭典	吳家駿編	元

㉒八卦三合功	張全亮著	230元

•社會人智囊• 電腦編號24

①糾紛談判術	清水增三著	160元
②創造關鍵術	淺野八郎著	150元
③觀人術	淺野八郎著	180元
④應急詭辯術	廖英迪編著	160元
⑤天才家學習術	木原武一著	160元
⑥猫型狗式鑑人術	淺野八郎著	180元
⑦逆轉運掌握術	淺野八郎著	180元
⑧人際圓融術	澀谷昌三著	160元
⑨解讀人心術	淺野八郎著	180元
⑩與上司水乳交融術	秋元隆司著	180元
⑪男女心態定律	小田晉著	180元
⑫幽默說話術	林振輝編著	200元
⑬人能信賴幾分	淺野八郎著	180元
⑭我一定能成功	李玉瓊譯	180元
⑮獻給青年的嘉言	陳蒼杰譯	180元
⑯知人、知面、知其心	林振輝編著	180元
⑰塑造堅強的個性	坂上肇著	180元
⑱爲自己而活	佐藤綾子著	180元
⑲未來十年與愉快生活有約	船井幸雄著	180元

•精選系列• 電腦編號25

①毛澤東與鄧小平	渡邊利夫等著	280元
②中國大崩裂	江戶介雄著	180元
③台灣•亞洲奇蹟	上村幸治著	220元
④7-ELEVEN高盈收策略	國友隆一著	180元
⑤台灣獨立	森　詠著	200元
⑥迷失中國的末路	江戶雄介著	220元
⑦2000年5月全世界毀滅	紫藤甲子男著	180元
⑧失去鄧小平的中國	小島朋之著	220元

•運動遊戲• 電腦編號26

①雙人運動	李玉瓊譯	160元
②愉快的跳繩運動	廖玉山譯	180元
③運動會項目精選	王佑京譯	150元
④肋木運動	廖玉山譯	150元

⑤測力運動	王佑宗譯	150元

•休閒娛樂• 電腦編號 27

①海水魚飼養法	田中智浩著	300元
②金魚飼養法	曾雪玫譯	250元

•銀髮族智慧學• 電腦編號 28

①銀髮六十樂逍遙	多湖輝著	170元
②人生六十反年輕	多湖輝著	170元
③六十歲的決斷	多湖輝著	170元

•飲食保健• 電腦編號 29

①自己製作健康茶	大海淳著	220元
②好吃、具藥效茶料理	德永睦子著	220元
③改善慢性病健康茶	吳秋嬌譯	200元

•家庭醫學保健• 電腦編號 30

①女性醫學大全	雨森良彥著	380元
②初為人父育兒寶典	小瀧周曹著	220元
③性活力強健法	相建華著	200元
④30歲以上的懷孕與生產	李芳黛編著	元

•心靈雅集• 電腦編號 00

①禪言佛語看人生	松濤弘道著	180元
②禪密教的奧秘	葉逯謙譯	120元
③觀音大法力	田口日勝著	120元
④觀音法力的大功德	田口日勝著	120元
⑤達摩禪106智慧	劉華亭編譯	220元
⑥有趣的佛教研究	葉逯謙編譯	170元
⑦夢的開運法	蕭京凌譯	130元
⑧禪學智慧	柯素娥編譯	130元
⑨女性佛教入門	許俐萍譯	110元
⑩佛像小百科	心靈雅集編譯組	130元
⑪佛教小百科趣談	心靈雅集編譯組	120元
⑫佛教小百科漫談	心靈雅集編譯組	150元
⑬佛教知識小百科	心靈雅集編譯組	150元

⑭佛學名言智慧	松濤弘道著	220元
⑮釋迦名言智慧	松濤弘道著	220元
⑯活人禪	平田精耕著	120元
⑰坐禪入門	柯素娥編譯	150元
⑱現代禪悟	柯素娥編譯	130元
⑲道元禪師語錄	心靈雅集編譯組	130元
⑳佛學經典指南	心靈雅集編譯組	130元
㉑何謂「生」　阿含經	心靈雅集編譯組	150元
㉒一切皆空　般若心經	心靈雅集編譯組	150元
㉓超越迷惘　法句經	心靈雅集編譯組	130元
㉔開拓宇宙觀　華嚴經	心靈雅集編譯組	130元
㉕真實之道　法華經	心靈雅集編譯組	130元
㉖自由自在　涅槃經	心靈雅集編譯組	130元
㉗沈默的教示　維摩經	心靈雅集編譯組	150元
㉘開通心眼　佛語佛戒	心靈雅集編譯組	130元
㉙揭秘寶庫　密教經典	心靈雅集編譯組	130元
㉚坐禪與養生	廖松濤譯	110元
㉛釋尊十戒	柯素娥編譯	120元
㉜佛法與神通	劉欣如編著	120元
㉝悟（正法眼藏的世界）	柯素娥編譯	120元
㉞只管打坐	劉欣如編著	120元
㉟喬答摩・佛陀傳	劉欣如編著	120元
㊱唐玄奘留學記	劉欣如編著	120元
㊲佛教的人生觀	劉欣如編譯	110元
㊳無門關（上卷）	心靈雅集編譯組	150元
㊴無門關（下卷）	心靈雅集編譯組	150元
㊵業的思想	劉欣如編著	130元
㊶佛法難學嗎	劉欣如著	140元
㊷佛法實用嗎	劉欣如著	140元
㊸佛法殊勝嗎	劉欣如著	140元
㊹因果報應法則	李常傳編	140元
㊺佛教醫學的奧秘	劉欣如編著	150元
㊻紅塵絕唱	海　若著	130元
㊼佛教生活風情	洪丕謨、姜玉珍著	220元
㊽行住坐臥有佛法	劉欣如著	160元
㊾起心動念是佛法	劉欣如著	160元
㊿四字禪語	曹洞宗青年會	200元
51妙法蓮華經	劉欣如編著	160元
52根本佛教與大乘佛教	葉作森編	180元
53大乘佛經	定方晟著	180元
54須彌山與極樂世界	定方晟著	180元

㊺阿闍世的悟道	定方晟著	180元
㊻金剛經的生活智慧	劉欣如著	180元

・經 營 管 理・電腦編號01

◎創新經營六十六大計（精）	蔡弘文編	780元
①如何獲取生意情報	蘇燕謀譯	110元
②經濟常識問答	蘇燕謀譯	130元
④台灣商戰風雲錄	陳中雄著	120元
⑤推銷大王秘錄	原一平著	180元
⑥新創意・賺大錢	王家成譯	90元
⑦工廠管理新手法	琪　輝著	120元
⑨經營參謀	柯順隆譯	120元
⑩美國實業24小時	柯順隆譯	80元
⑪撼動人心的推銷法	原一平著	150元
⑫高竿經營法	蔡弘文編	120元
⑬如何掌握顧客	柯順隆譯	150元
⑭一等一賺錢策略	蔡弘文編	120元
⑯成功經營妙方	鐘文訓著	120元
⑰一流的管理	蔡弘文編	150元
⑱外國人看中韓經濟	劉華亭譯	150元
⑳突破商場人際學	林振輝編著	90元
㉑無中生有術	琪輝編著	140元
㉒如何使女人打開錢包	林振輝編著	100元
㉓操縱上司術	邑井操著	90元
㉔小公司經營策略	王嘉誠著	160元
㉕成功的會議技巧	鐘文訓編譯	100元
㉖新時代老闆學	黃柏松編著	100元
㉗如何創造商場智囊團	林振輝編譯	150元
㉘十分鐘推銷術	林振輝編譯	180元
㉙五分鐘育才	黃柏松編譯	100元
㉚成功商場戰術	陸明編譯	100元
㉛商場談話技巧	劉華亭編譯	120元
㉜企業帝王學	鐘文訓譯	90元
㉝自我經濟學	廖松濤編譯	100元
㉞一流的經營	陶田生編著	120元
㉟女性職員管理術	王昭國編譯	120元
㊱ＩＢＭ的人事管理	鐘文訓編譯	150元
㊲現代電腦常識	王昭國編譯	150元
㊳電腦管理的危機	鐘文訓編譯	120元
㊴如何發揮廣告效果	王昭國編譯	150元

㊵最新管理技巧	王昭國編譯	150元
㊶一流推銷術	廖松濤編譯	150元
㊷包裝與促銷技巧	王昭國編譯	130元
㊸企業王國指揮塔	松下幸之助著	120元
㊹企業精銳兵團	松下幸之助著	120元
㊺企業人事管理	松下幸之助著	100元
㊻華僑經商致富術	廖松濤編譯	130元
㊼豐田式銷售技巧	廖松濤編譯	180元
㊽如何掌握銷售技巧	王昭國編著	130元
㊿洞燭機先的經營	鐘文訓編譯	150元
52新世紀的服務業	鐘文訓編譯	100元
53成功的領導者	廖松濤編譯	120元
54女推銷員成功術	李玉瓊編譯	130元
55ＩＢＭ人才培育術	鐘文訓編譯	100元
56企業人自我突破法	黃琪輝編著	150元
58財富開發術	蔡弘文編著	130元
59成功的店舖設計	鐘文訓編著	150元
61企管回春法	蔡弘文編著	130元
62小企業經營指南	鐘文訓編譯	100元
63商場致勝名言	鐘文訓編譯	150元
64迎接商業新時代	廖松濤編譯	100元
66新手股票投資入門	何朝乾　編	200元
67上揚股與下跌股	何朝乾編譯	180元
68股票速成學	何朝乾編譯	200元
69理財與股票投資策略	黃俊豪編著	180元
70黃金投資策略	黃俊豪編著	180元
71厚黑管理學	廖松濤編譯	180元
72股市致勝格言	呂梅莎編譯	180元
73透視西武集團	林谷燁編譯	150元
76巡迴行銷術	陳蒼杰譯	150元
77推銷的魔術	王嘉誠譯	120元
7860秒指導部屬	周蓮芬編譯	150元
79精銳女推銷員特訓	李玉瓊編譯	130元
80企劃、提案、報告圖表的技巧	鄭　汶　譯	180元
81海外不動產投資	許達守編譯	150元
82八百件的世界策略	李玉瓊譯	150元
83服務業品質管理	吳宜芬譯	180元
84零庫存銷售	黃東謙編譯	150元
85三分鐘推銷管理	劉名揚編譯	150元
86推銷大王奮鬥史	原一平著	150元
87豐田汽車的生產管理	林谷燁編譯	150元

・成功寶庫・電腦編號02

①上班族交際術	江森滋著	100元
②拍馬屁訣竅	廖玉山編譯	110元
④聽話的藝術	歐陽輝編譯	110元
⑨求職轉業成功術	陳 義編著	110元
⑩上班族禮儀	廖玉山編著	120元
⑪接近心理學	李玉瓊編著	100元
⑫創造自信的新人生	廖松濤編著	120元
⑭上班族如何出人頭地	廖松濤編著	100元
⑮神奇瞬間瞑想法	廖松濤編譯	100元
⑯人生成功之鑰	楊意苓編著	150元
⑲給企業人的諍言	鐘文訓編著	120元
⑳企業家自律訓練法	陳 義編譯	100元
㉑上班族妖怪學	廖松濤編著	100元
㉒猶太人縱橫世界的奇蹟	孟佑政編著	110元
㉓訪問推銷術	黃靜香編著	130元
㉕你是上班族中強者	嚴思圖編著	100元
㉖向失敗挑戰	黃靜香編著	100元
㉙機智應對術	李玉瓊編著	130元
㉚成功頓悟100則	蕭京凌編譯	130元
㉛掌握好運100則	蕭京凌編譯	110元
㉜知性幽默	李玉瓊編譯	130元
㉝熟記對方絕招	黃靜香編譯	100元
㉞男性成功秘訣	陳蒼杰編譯	130元
㊱業務員成功秘方	李玉瓊編著	120元
㊲察言觀色的技巧	劉華亭編著	180元
㊳一流領導力	施義彥編譯	120元
㊴一流說服力	李玉瓊編著	130元
㊵30秒鐘推銷術	廖松濤編譯	150元
㊶猶太成功商法	周蓮芬編譯	120元
㊷尖端時代行銷策略	陳蒼杰編著	100元
㊸顧客管理學	廖松濤編著	100元
㊹如何使對方說Yes	程 羲編著	150元
㊺如何提高工作效率	劉華亭編著	150元
㊼上班族口才學	楊鴻儒譯	120元
㊽上班族新鮮人須知	程 羲編著	120元
㊾如何左右逢源	程 羲編著	130元
㊿語言的心理戰	多湖輝著	130元
51扣人心弦演說術	劉名揚編著	120元

㊸如何增進記憶力、集中力	廖松濤譯	130元
㊺性惡企業管理學	陳蒼杰譯	130元
㊻自我啟發200招	楊鴻儒編著	150元
㊼做個傑出女職員	劉名揚編著	130元
㊽靈活的集團營運術	楊鴻儒編著	120元
㊿個案研究活用法	楊鴻儒編著	130元
61企業教育訓練遊戲	楊鴻儒編著	120元
62管理者的智慧	程　義編譯	130元
63做個佼佼管理者	馬筱莉編譯	130元
64智慧型說話技巧	沈永嘉編譯	130元
66活用佛學於經營	松濤弘道著	150元
67活用禪學於企業	柯素娥編譯	130元
68詭辯的智慧	沈永嘉編譯	150元
69幽默詭辯術	廖玉山編譯	150元
70拿破崙智慧箴言	柯素娥編譯	130元
71自我培育・超越	蕭京凌編譯	150元
74時間即一切	沈永嘉編譯	130元
75自我脫胎換骨	柯素娥譯	150元
76贏在起跑點—人才培育鐵則	楊鴻儒編譯	150元
77做一枚活棋	李玉瓊編譯	130元
78面試成功戰略	柯素娥編譯	130元
79自我介紹與社交禮儀	柯素娥編譯	150元
80說NO的技巧	廖玉山編譯	130元
81瞬間攻破心防法	廖玉山編譯	120元
82改變一生的名言	李玉瓊編譯	130元
83性格性向創前程	楊鴻儒編譯	130元
84訪問行銷新竅門	廖玉山編譯	150元
85無所不達的推銷話術	李玉瓊編譯	150元

・處世智慧・電腦編號03

①如何改變你自己	陸明編譯	120元
⑥靈感成功術	譚繼山編譯	80元
⑧扭轉一生的五分鐘	黃柏松編譯	100元
⑩現代人的詭計	林振輝譯	100元
⑫如何利用你的時間	蘇遠謀譯	80元
⑬口才必勝術	黃柏松編譯	120元
⑭女性的智慧	譚繼山編譯	90元
⑮如何突破孤獨	張文志編譯	80元
⑯人生的體驗	陸明編譯	80元
⑰微笑社交術	張芳明譯	90元

⑱幽默吹牛術	金子登著	90元
⑲攻心說服術	多湖輝著	100元
⑳當機立斷	陸明編譯	70元
㉑勝利者的戰略	宋恩臨編譯	80元
㉒如何交朋友	安紀芳編著	70元
㉓鬥智奇謀（諸葛孔明兵法）	陳炳崑著	70元
㉔慧心良言	亦　奇著	80元
㉕名家慧語	蔡逸鴻主編	90元
㉗稱霸者啟示金言	黃柏松編譯	90元
㉘如何發揮你的潛能	陸明編譯	90元
㉙女人身態語言學	李常傳譯	130元
㉚摸透女人心	張文志譯	90元
㉛現代戀愛秘訣	王家成譯	70元
㉜給女人的悄悄話	妮倩編譯	90元
㉞如何開拓快樂人生	陸明編譯	90元
㉟驚人時間活用法	鐘文訓譯	80元
㊱成功的捷徑	鐘文訓譯	70元
㊲幽默逗笑術	林振輝著	120元
㊳活用血型讀書法	陳炳崑譯	80元
㊴心　燈	葉于模著	100元
㊵當心受騙	林顯茂譯	90元
㊶心・體・命運	蘇燕謀譯	70元
㊷如何使頭腦更敏銳	陸明編譯	70元
㊸宮本武藏五輪書金言錄	宮本武藏著	100元
㊺勇者的智慧	黃柏松編譯	80元
㊼成熟的愛	林振輝譯	120元
㊽現代女性駕馭術	蔡德華著	90元
㊾禁忌遊戲	酒井潔著	90元
○52摸透男人心	劉華亭編譯	80元
○53如何達成願望	謝世輝著	90元
○54創造奇蹟的「想念法」	謝世輝著	90元
○55創造成功奇蹟	謝世輝著	90元
○56男女幽默趣典	劉華亭譯	90元
○57幻想與成功	廖松濤譯	80元
○58反派角色的啟示	廖松濤編譯	70元
○59現代女性須知	劉華亭編著	75元
○61機智說話術	劉華亭編譯	100元
○62如何突破內向	姜倩怡編譯	110元
○64讀心術入門	王家成編譯	100元
○65如何解除內心壓力	林美羽編著	110元
○66取信於人的技巧	多湖輝著	110元

㊼如何培養堅強的自我	林美羽編著	90元
㊽自我能力的開拓	卓一凡編著	110元
⑳縱橫交涉術	嚴思圖編著	90元
㉑如何培養妳的魅力	劉文珊編著	90元
㉒魅力的力量	姜倩怡編著	90元
㉕個性膽怯者的成功術	廖松濤編譯	100元
㉖人性的光輝	文可式編著	90元
㉙培養靈敏頭腦秘訣	廖玉山編著	90元
㊵夜晚心理術	鄭秀美編譯	80元
㊶如何做個成熟的女性	李玉瓊編著	80元
㊷現代女性成功術	劉文珊編著	90元
㊸成功說話技巧	梁惠珠編譯	100元
㊹人生的真諦	鐘文訓編譯	100元
㊺妳是人見人愛的女孩	廖松濤編著	120元
㊼指尖・頭腦體操	蕭京凌編譯	90元
㊽電話應對禮儀	蕭京凌編著	120元
㊾自我表現的威力	廖松濤編譯	100元
㊿名人名語啟示錄	喬家楓編著	100元
㉛男與女的哲思	程鐘梅編譯	110元
㉜靈思慧語	牧　風著	110元
㉝心靈夜語	牧　風著	100元
㉞激盪腦力訓練	廖松濤編譯	100元
㉟三分鐘頭腦活性法	廖玉山編譯	110元
㊱星期一的智慧	廖玉山編譯	100元
㊲溝通說服術	賴文琇編譯	100元
㊳超速讀超記憶法	廖松濤編譯	140元

•健康與美容•電腦編號04

③媚酒傳（中國王朝秘酒）	陸明主編	120元
④藥酒與健康果菜汁	成玉主編	150元
⑤中國回春健康術	蔡一藩著	100元
⑥奇蹟的斷食療法	蘇燕謀譯	110元
⑧健美食物法	陳炳崑譯	120元
⑨驚異的漢方療法	唐龍編著	90元
⑩不老強精食	唐龍編著	100元
⑫五分鐘跳繩健身法	蘇明達譯	100元
⑬睡眠健康法	王家成譯	80元
⑭你就是名醫	張芳明譯	90元
⑮如何保護你的眼睛	蘇燕謀譯	70元
⑲釋迦長壽健康法	譚繼山譯	90元

⑳腳部按摩健康法	譚繼山譯	120元
㉑自律健康法	蘇明達譯	90元
㉓身心保健座右銘	張仁福著	160元
㉔腦中風家庭看護與運動治療	林振輝譯	100元
㉕秘傳醫學人相術	成玉主編	120元
㉖導引術入門⑴治療慢性病	成玉主編	110元
㉗導引術入門⑵健康・美容	成玉主編	110元
㉘導引術入門⑶身心健康法	成玉主編	110元
㉙妙用靈藥・蘆薈	李常傳譯	150元
㉚萬病回春百科	吳通華著	150元
㉛初次懷孕的10個月	成玉編譯	130元
㉜中國秘傳氣功治百病	陳炳崑編譯	130元
㉟仙人長生不老學	陸明編譯	100元
㊱釋迦秘傳米粒刺激法	鐘文訓譯	120元
㊲痔・治療與預防	陸明編譯	130元
㊳自我防身絕技	陳炳崑編譯	120元
㊴運動不足時疲勞消除法	廖松濤譯	110元
㊵三溫暖健康法	鐘文訓編譯	90元
㊸維他命與健康	鐘文訓譯	150元
㊺森林浴—綠的健康法	劉華亭編譯	80元
㊼導引術入門⑷酒浴健康法	成玉主編	90元
㊽導引術入門⑸不老回春法	成玉主編	90元
㊾山白竹(劍竹)健康法	鐘文訓譯	90元
㊿解救你的心臟	鐘文訓編譯	100元
51牙齒保健法	廖玉山譯	90元
52超人氣功法	陸明編譯	110元
54借力的奇蹟⑴	力拔山著	100元
55借力的奇蹟⑵	力拔山著	100元
56五分鐘小睡健康法	呂添發撰	120元
57禿髮、白髮預防與治療	陳炳崑撰	120元
59艾草健康法	張汝明編譯	90元
60一分鐘健康診斷	蕭京凌編譯	90元
61念術入門	黃靜香編譯	90元
62念術健康法	黃靜香編譯	90元
63健身回春法	梁惠珠編譯	100元
64姿勢養生法	黃秀娟編譯	90元
65仙人瞑想法	鐘文訓譯	120元
66人蔘的神效	林慶旺譯	100元
67奇穴治百病	吳通華著	120元
68中國傳統健康法	靳海東著	100元
71酵素健康法	楊 皓編譯	120元

⑬腰痛預防與治療	五味雅吉著	130元
⑭如何預防心臟病・腦中風	譚定長等著	100元
⑮少女的生理秘密	蕭京凌譯	120元
⑯頭部按摩與針灸	楊鴻儒譯	100元
⑰雙極療術入門	林聖道著	100元
⑱氣功自療法	梁景蓮著	120元
⑲大蒜健康法	李玉瓊編譯	100元
㉛健胸美容秘訣	黃靜香譯	120元
㉜鍺奇蹟療效	林宏儒譯	120元
㉝三分鐘健身運動	廖玉山譯	120元
㉞尿療法的奇蹟	廖玉山譯	120元
㉟神奇的聚積療法	廖玉山譯	120元
㊱預防運動傷害伸展體操	楊鴻儒編譯	120元
㊳五日就能改變你	柯素娥譯	110元
㊴三分鐘氣功健康法	陳美華譯	120元
㊶道家氣功術	早島正雄著	130元
㊷氣功減肥術	早島正雄著	120元
㊸超能力氣功法	柯素娥譯	130元
㊹氣的瞑想法	早島正雄著	120元

・家庭／生活・電腦編號05

①單身女郎生活經驗談	廖玉山編著	100元
②血型・人際關係	黃靜編著	120元
③血型・妻子	黃靜編著	110元
④血型・丈夫	廖玉山編譯	130元
⑤血型・升學考試	沈永嘉編譯	120元
⑥血型・臉型・愛情	鐘文訓編譯	120元
⑦現代社交須知	廖松濤編譯	100元
⑧簡易家庭按摩	鐘文訓編譯	150元
⑨圖解家庭看護	廖玉山編譯	120元
⑩生男育女隨心所欲	岡正基編著	160元
⑪家庭急救治療法	鐘文訓編著	100元
⑫新孕婦體操	林曉鐘譯	120元
⑬從食物改變個性	廖玉山編譯	100元
⑭藥草的自然療法	東城百合子著	200元
⑮糙米菜食與健康料理	東城百合子著	180元
⑯現代人的婚姻危機	黃　靜編著	90元
⑰親子遊戲　0歲	林慶旺編譯	100元
⑱親子遊戲　1～2歲	林慶旺編譯	110元
⑲親子遊戲　3歲	林慶旺編譯	100元

⑳女性醫學新知	林曉鐘編譯	130元
㉑媽媽與嬰兒	張汝明編譯	180元
㉒生活智慧百科	黃　靜編譯	100元
㉓手相・健康・你	林曉鐘編譯	120元
㉔菜食與健康	張汝明編譯	110元
㉕家庭素食料理	陳東達著	140元
㉖性能力活用秘法	米開・尼里著	150元
㉗兩性之間	林慶旺編譯	120元
㉘性感經穴健康法	蕭京凌編譯	150元
㉙幼兒推拿健康法	蕭京凌編譯	100元
㉚談中國料理	丁秀山編著	100元
㉛舌技入門	增田豐　著	160元
㉜預防癌症的飲食法	黃静香編譯	150元
㉝性與健康寶典	黃静香編譯	180元
㉞正確避孕法	蕭京凌編譯	130元
㉟吃的更漂亮美容食譜	楊萬里著	120元
㊱圖解交際舞速成	鐘文訓編譯	150元
㊲觀相導引術	沈永嘉譯	130元
㊳初為人母12個月	陳義譯	180元
㊴圖解麻將入門	顧安行編譯	160元
㊵麻將必勝秘訣	石利夫編譯	160元
㊶女性一生與漢方	蕭京凌編譯	100元
㊷家電的使用與修護	鐘文訓編譯	160元
㊸錯誤的家庭醫療法	鐘文訓編譯	100元
㊹簡易防身術	陳慧珍編譯	130元
㊺茶健康法	鐘文訓編譯	130元
㊻雞尾酒大全	劉雪卿譯	180元
㊼生活的藝術	沈永嘉編著	120元
㊽雜草雜果健康法	沈永嘉編著	120元
㊾如何選擇理想妻子	荒谷慈著	110元
㊿如何選擇理想丈夫	荒谷慈著	110元
51中國食與性的智慧	根本光人著	150元
52開運法話	陳宏男譯	100元
53禪語經典<上>	平田精耕著	150元
54禪語經典<下>	平田精耕著	150元
55手掌按摩健康法	鐘文訓譯	180元
56脚底按摩健康法	鐘文訓譯	150元
57仙道運氣健身法	李玉瓊譯	150元
58健心、健體呼吸法	蕭京凌譯	120元
59自彊術入門	蕭京凌譯	120元
60指技入門	增田豐著	160元

㊶下半身鍛鍊法	增田豐著	180元
㊷表象式學舞法	黃靜香編譯	180元
㊸圖解家庭瑜伽	鐘文訓譯	130元
㊹食物治療寶典	黃靜香編譯	130元
㊺智障兒保育入門	楊鴻儒譯	130元
㊻自閉兒童指導入門	楊鴻儒譯	180元
㊼乳癌發現與治療	黃靜香譯	130元
㊽盆栽培養與欣賞	廖啟新編譯	180元
㊾世界手語入門	蕭京凌編譯	180元
㊿賽馬必勝法	李錦雀編譯	200元
71中藥健康粥	蕭京凌編譯	120元
72健康食品指南	劉文珊編譯	130元
73健康長壽飲食法	鐘文訓編譯	150元
74夜生活規則	增田豐著	160元
75自製家庭食品	鐘文訓編譯	200元
76仙道帝王招財術	廖玉山譯	130元
77「氣」的蓄財術	劉名揚譯	130元
78佛教健康法入門	劉名揚譯	130元
79男女健康醫學	郭汝蘭譯	150元
80成功的果樹培育法	張煌編譯	130元
81實用家庭菜園	孔翔儀編譯	130元
82氣與中國飲食法	柯素娥編譯	130元
83世界生活趣譚	林其英著	160元
84胎教二八〇天	鄭淑美譯	180元
85酒自己動手釀	柯素娥編著	160元
86自己動「手」健康法	手嶋昇著	160元
87香味活用法	森田洋子著	160元
88寰宇趣聞搜奇	林其英著	200元
89手指回旋健康法	栗田昌裕著	200元

•命理與預言• 電腦編號06

①星座算命術	張文志譯	120元
②中國式面相學入門	蕭京凌編著	180元
③圖解命運學	陸明編著	200元
④中國秘傳面相術	陳炳崑編著	110元
⑤13星座占星術	馬克・矢崎著	200元
⑥命名彙典	水雲居士編著	180元
⑦簡明紫微斗術命運學	唐龍編著	130元
⑧住宅風水吉凶判斷法	琪輝編譯	180元
⑨鬼谷算命秘術	鬼谷子著	150元

⑩密教開運咒法	中岡俊哉著	250元
⑪女性星魂術	岩滿羅門著	200元
⑫簡明四柱推命學	李常傳編譯	150元
⑬手相鑑定奧秘	高山東明著	200元
⑭簡易精確手相	高山東明著	200元
⑮啟示錄中的世界末日	蘇燕謀編譯	80元
⑯女巫的咒法	柯素娥譯	230元
⑰六星命運占卜學	馬文莉編著	230元
⑱樸克牌占卜入門	王家成譯	100元
⑲A血型與十二生肖	鄒雲英編譯	90元
⑳B血型與十二生肖	鄒雲英編譯	90元
㉑O血型與十二生肖	鄒雲英編譯	100元
㉒AB血型與十二生肖	鄒雲英編譯	90元
㉓筆跡占卜學	周子敬著	220元
㉔神秘消失的人類	林達中譯	80元
㉕世界之謎與怪談	陳炳崑譯	80元
㉖符咒術入門	柳玉山人編	150元
㉗神奇的白符咒	柳玉山人編	160元
㉘神奇的紫符咒	柳玉山人編	200元
㉙秘咒魔法開運術	吳慧鈴編譯	180元
㉚諾米空秘咒法	馬克・矢崎著	220元
㉛改變命運的手相術	鐘文訓編著	120元
㉜黃帝手相占術	鮑黎明著	230元
㉝惡魔的咒法	杜美芳譯	230元
㉞脚相開運術	王瑞禎譯	130元
㉟面相開運術	許麗玲譯	150元
㊱房屋風水與運勢	邱震睿編譯	160元
㊲商店風水與運勢	邱震睿編譯	200元
㊳諸葛流天文遁甲	巫立華譯	150元
㊴聖帝五龍占術	廖玉山譯	180元
㊵萬能神算	張助馨編著	120元
㊶神祕的前世占卜	劉名揚譯	150元
㊷諸葛流奇門遁甲	巫立華譯	150元
㊸諸葛流四柱推命	巫立華譯	180元
㊹室內擺設創好運	小林祥晃著	200元
㊺室內裝潢開運法	小林祥晃著	230元
㊻新・大開運吉方位	小林祥晃著	200元
㊼風水的奧義	小林祥晃著	200元

・教養特輯・電腦編號07

①管教子女絕招	多湖輝著	70元
⑤如何教育幼兒	林振輝譯	80元
⑥看圖學英文	陳炳崑編著	90元
⑦關心孩子的眼睛	陸明編	70元
⑧如何生育優秀下一代	邱夢蕾編著	100元
⑩現代育兒指南	劉華亭編譯	90元
⑫如何培養自立的下一代	黃靜香編譯	80元
⑭教養孩子的母親暗示法	多湖輝著	90元
⑮奇蹟教養法	鐘文訓編譯	90元
⑯慈父嚴母的時代	多湖輝著	90元
⑰如何發現問題兒童的才智	林慶旺譯	100元
⑱再見！夜尿症	黃靜香編譯	90元
⑲育兒新智慧	黃靜編譯	90元
⑳長子培育術	劉華亭編譯	80元
㉑親子運動遊戲	蕭京凌編譯	90元
㉒一分鐘刺激會話法	鐘文訓編著	90元
㉓啟發孩子讀書的興趣	李玉瓊編著	100元
㉔如何使孩子更聰明	黃靜編著	100元
㉕３・４歲育兒寶典	黃靜香編譯	100元
㉖一對一教育法	林振輝編譯	100元
㉗母親的七大過失	鐘文訓編譯	100元
㉘幼兒才能開發測驗	蕭京凌編譯	100元
㉙教養孩子的智慧之眼	黃靜香編譯	100元
㉚如何創造天才兒童	林振輝編譯	90元
㉛如何使孩子數學滿點	林明嬋編著	100元

・消遣特輯・電腦編號08

①小動物飼養秘訣	徐道政譯	120元
②狗的飼養與訓練	張文志譯	130元
③四季釣魚法	釣朋會編	120元
④鴿的飼養與訓練	林振輝譯	120元
⑤金魚飼養法	鐘文訓編譯	130元
⑥熱帶魚飼養法	鐘文訓編譯	180元
⑧妙事多多	金家驊編譯	80元
⑨有趣的性知識	蘇燕謀編譯	100元
⑩圖解攝影技巧	譚繼山編譯	220元
⑪100種小鳥養育法	譚繼山編譯	200元

大展好書 好書大展

大展好書 好書大展